U0158811

JIAN ZHU JIEGOU
KANGCHONGJI FANGHU XINJISHU

建筑结构
抗冲击防护新技术

杨润林　著

中国电力出版社
CHINA ELECTRIC POWER PRESS

内 容 提 要

本书内容主要分为三部分，即防护装置介绍、数值模拟和试验验证。第 1 章主要阐述结构构件抗冲击防护领域的研究成果和现状；第 2 章重点在于说明阵列式防护装置的构造及工作原理；第 3～6 章着眼于防护技术针对不同结构构件的应用，并结合数值模拟进行防护效果分析；第 7 章和第 8 章介绍自主研发的落锤式冲击试验台的基本构造和加载原理，并结合钢梁进行了不同防护措施下的冲击效果对比分析，进行试验验证并汇总归纳主要的研究成果。

本书的研究成果具有一定创新性，可以和传统的技术方法进行对比参照，供从事相关设计、施工和科研方面的科技工作者参考。

图书在版编目（CIP）数据

建筑结构抗冲击防护新技术/杨润林著 . —北京：中国电力出版社，2021.10
ISBN 978-7-5198-5935-0

Ⅰ.①建…　Ⅱ.①杨…　Ⅲ.①建筑结构—抗冲击—研究　Ⅳ.①TU352.13

中国版本图书馆 CIP 数据核字（2021）第 171517 号

出版发行：中国电力出版社
地　　　址：北京市东城区北京站西街 19 号（邮政编码 100005）
网　　　址：http://www.cepp.sgcc.com.cn
责任编辑：王晓蕾（010-63412610）　杨云杉
责任校对：黄　蓓　郝军燕
装帧设计：赵姗姗
责任印制：杨晓东

印　　　刷：北京雁林吉兆印刷有限公司
版　　　次：2021 年 10 月第一版
印　　　次：2021 年 10 月北京第一次印刷
开　　　本：787 毫米×1092 毫米　16 开本
印　　　张：14
字　　　数：346 千字
定　　　价：59.00 元

版 权 专 有　侵 权 必 究
本书如有印装质量问题，我社营销中心负责退换

在工程结构服役期间，需要考虑抵御的作用或载荷很多，或来自环境，或来自自身，但是对于冲击载荷却极少考虑，工程结构冲击防护相对而言还是个新领域。工程结构构件遭受的冲击载荷来源并不单一，具有多样性。例如：工程结构连续倒塌过程中上部结构对下部结构形成的冲击，地震作用过程中毗邻建筑物之间的相互碰撞，非连续梁桥中主梁之间在地震作用下的碰撞，工程施工或设备意外坠落物对下部结构的冲击，桥梁中主梁、桥墩遭受交通运输工具的撞击，结构构件遭受意外事故爆炸所形成的冲击，等等。由此可见，即使排除军事或者战争因素，这方面的例子仍不胜枚举。传统结构构件的冲击防护仅限于军工建筑，工业或民用建筑很少涉猎。因此，在遭受冲击载荷作用时，常规的建筑结构存在极大的安全隐患，针对建筑结构进行冲击防护新技术的研究是非常必要的。

本书内容主要围绕研究提出的阵列式复合防护技术展开，包括防护装置的原理分析、数值模拟和试验验证等方面。各章主要内容如下：第 1 章简要介绍相关内容的研究背景及现状；第 2 章重点在于介绍阵列式复合防护装置的设计思路、基本构造和工作原理；第 3 章结合钢筋混凝土柱进行了复合防护技术的抗爆应用数值模拟研究，研究过程中考虑了柱端不同约束条件可能产生的影响；第 4 章与钢筋混凝土柱的研究方法基本相同，针对钢柱进行了类似的复合防护技术抗爆应用数值模拟研究；第 5 章考虑的作用是碰撞加载，研究分析了复合防护钢筋混凝土梁的抗撞性能，在考察多个冲击响应指标基础上，对不同约束形式下构件的冲击响应进行了对比分析；第 6 章研究分析了复合防护钢梁的抗撞性能，在研究内容上可与复合防护钢筋混凝土梁互相参照；第 7 章重点介绍落锤式冲击试验台的设计思路、基本构造和工作原理，为后续试验研究奠定基础；第 8 章以钢梁为例，进行了复合防护技术的应用验证研究，并将实测结果与数值模拟进行了对比分析。

本书的研究工作得到了国家科技支撑计划项目课题（2015BAK14B02）的支持。在课题研究过程中，中国建筑科学研究院和交通运输部公路科学研究院的同行给出了一些宝贵的建议；研究生聂婷、孔杰和杨涛分别参加了数值计算和试验方面的工作。在此，作者一并表示衷心的感谢。本书若能对广大高校师生、科研单位的研究和企业的工程技术人员有所帮助，将甚感欣慰。限于时间紧张和水平有限，书中不足之处在所难免，欢迎广大读者批评指正！

目 录

前言

1 概述 ··· 1

    1.1 研究背景 ··· 1

    1.2 研究现状 ··· 3

    1.3 亟待解决的问题 ··· 11

    1.4 研究目标及内容 ··· 12

2 阵列式复合防护新技术 ··· 13

    2.1 工程结构冲击失效破坏的原因 ··· 13

    2.2 阵列式复合防护装置的工作原理 ··· 13

    2.3 阵列式复合防护装置的构造形式 ··· 15

3 复合防护钢筋混凝土柱的抗爆性能研究 ··· 17

    3.1 有限元模型 ··· 17

    3.2 两端固支柱 ··· 21

    3.3 一固一铰柱 ··· 34

    3.4 两端铰支柱 ··· 45

    3.5 不同柱端约束条件下的对比 ··· 56

    3.6 结果分析 ··· 58

4 复合防护钢柱的抗爆性能研究 ··· 59

    4.1 方钢裸柱动力响应分析 ··· 59

    4.2 复合防护钢柱的性能分析 ··· 120

5 复合防护钢筋混凝土梁的抗撞性能研究 ··· 156

    5.1 有限元建模 ··· 156

    5.2 两端固支梁 ··· 157

    5.3 两端铰支梁 ··· 159

    5.4 一固一铰梁 ··· 161

6　复合防护钢梁的抗撞性能研究 ································· 164

　6.1　计算模型与参数 ······························· 164

　6.2　有限元模拟结果与分析 ···················· 167

　6.3　钢梁的抗撞性能分析 ························· 189

7　落锤式冲击试验台的开发设计 ·················· 191

　7.1　设计的主要性能指标 ························· 191

　7.2　冲击试验台组成 ····························· 191

8　钢梁落锤冲击试验 ···································· 196

　8.1　试验设备 ···································· 196

　8.2　试验内容 ···································· 198

　8.3　试验步骤 ···································· 200

　8.4　数据分析 ···································· 202

　8.5　实测与数值计算的结果对比分析 ··········· 207

参考文献 ·· 210

1 概　　述

1.1 研　究　背　景

在极短的时间内以很大的速度作用在物体或结构上的载荷称为冲击载荷。在冲击载荷作用下，材料介质将表现出与静态或准静态载荷作用时明显不同的力学性能。在持续短暂时间的强载荷作用下，材料会发生变形和破坏，相应的组织结构和性能也会发生永久性的变化，因变形同应力、应变率（应变随时间的变化率）、温度、内能等变量之间存在着各种相互关联，冲击载荷下材料的变形行为远比静态或准静态载荷作用下的情况复杂。

常见的机械碰撞和各种形式的爆炸载荷是典型的冲击载荷。冲击载荷持续的时间一般为纳秒、毫秒至秒的数量级，强度一般至少都足以引起材料的塑性变形。通常根据受冲击载荷作用的材料的质点速度和特征强度（如屈服应力）将冲击现象分为低速、中速、高速冲击三种，受冲击载荷作用的材料特性也相应地分为三种：低速冲击载荷下介质变形量不大，以时效现象为主，可用等温近似方法处理；中速冲击载荷下介质发生有限程度的弹塑性变形，时效、热与机械功的耦合都比较明显，体积可压缩性也需要考虑，相应地有各种描述变形过程的本构关系；高速冲击载荷下与材料强度有关的效应退居次要地位，而以体积压缩变形和热的耦合为主要特征，介质变形需要按照可压缩流体处理，其变形行为可用各种高压状态方程描述。

世界范围内每年发生的爆炸事件屡见不鲜，各种原因引发的爆炸事故导致了大量的人员伤亡和财产损失。由于一些偶然或人为的因素，民用建筑在其服役期内可能会遭受局部爆炸的作用，从而引起结构关键构件特别是柱构件的损坏，最终导致结构部分或整体倒塌。排除人为因素，偶然因素诱发的爆炸事故多是由于对易燃、易爆类物品存放或处理不当引起的。

近年来，国内发生的爆炸相关事件如下：

2016 年 4 月 30 日 10 时 18 分，江苏省无锡市惠山区惠澄大道与西石路交界处的通安助剂厂在生产过程中，送料泵突然爆燃并引发爆炸，厂房直接被炸垮。除了事故地点周围的厂房受到不同程度的破坏之外，距离事故地点两三百米远的杨西园村也受损严重。这里的地上已经满是玻璃碴，房屋的门框窗框都受到了不同程度的损坏，有的房屋甚至连结构都遭到了破坏。

2015 年 8 月 12 日 23 时 30 分左右，位于天津市滨海新区天津港的瑞海公司危险品仓库发生火灾爆炸事故，造成 165 人遇难、8 人失踪、798 人受伤，304 幢建筑物、12 428 辆商品汽车、7533 个集装箱受损。根据灾后统计，事故造成的直接经济损失约 68 亿元。经国务院调查组认定，"8·12"天津滨海新区爆炸事故是一起特别重大生产安全事故。

2013 年 5 月 20 日 10 时 50 分，位于山东省济南市章丘区曹范镇的保利民爆济南科技有限公司生产车间发生爆炸，造成车间倒塌，工人被埋，遇难者人数 33 人。因为爆炸威力巨大，事故车间几乎成为一片废墟，瓦砾、橡胶管等散落在四周，车间的钢筋混凝土屋顶几乎全部坍塌。

2011 年 4 月 11 日，北京市朝阳区和平街 12 区 3 号楼 5 单元首层发生燃气爆炸事故，造成 5 单元 6 户房屋整体坍塌，4 单元和 6 单元局部房屋严重受损，楼内 5 名居民和 1 名过路人员死亡、1 人受伤。建筑受损由冲击波破坏引起，死者中，楼内 5 名居民被坍塌物埋压，而 1 名过路人员被爆炸飞出的投射物击中头部。

2011 年 1 月 17 日 6 时许，吉林省吉林市主干路解放大路东侧居民区发生大面积天然气泄漏，引发爆炸。爆炸波及解放东路两侧多栋居民楼和吉林石化矿区服务部在内的多处建筑，玻璃碎片遍布周围。事故已造成 3 人死亡、20 多人受伤。

2010 年 8 月 16 日，黑龙江省伊春市华利实业有限公司振兴烟花厂发生爆炸。爆炸现场厂房被夷为平地，附近 2km 范围内建筑物玻璃被震碎，5km 范围内有强烈震感。爆炸造成 34 人死亡，3 人失踪，152 人受伤，直接经济损失 6818.4 万元。

2010 年 7 月 28 日 10 时左右，江苏省南京市栖霞区一个废弃的塑料化工厂发生爆炸，事故造成了 13 人死亡和 120 人住院治疗。爆燃点周边部分建（构）筑物受损，直接经济损失 4784 万元。

国外发生的爆炸相关事件如下：

2013 年 4 月 17 日，美国得克萨斯州一家化肥工厂因违规操作着火，随即发生大爆炸。爆炸造成 10 栋建筑起火、70 多栋住宅损毁，超过 160 人受伤，35 人死亡。

2001 年 9 月 21 日 10 时 15 分，位于法国西南部工业重镇图卢兹市的一个化工厂因工人作业操作失误引发爆炸。该厂的两座厂房全部被毁，周围 40 公顷的建筑物受损，附近楼房在爆炸中轰然倒塌。事故造成 25 人死亡，20 人失踪，650 人受伤，其中 80 人伤势严重。

2001 年 9 月 11 日上午，美国纽约世界贸易中心一号楼和二号楼两座建筑因爆炸的高温效应导致钢结构在遭到攻击后相继倒塌。

1993 年 2 月 26 日，美国纽约世界贸易中心地下停车场发生爆炸事件，6 人死亡，1000 多人受伤，爆炸使得地下室严重受损，加固修补时间将近 1 个月，经济损失达 5.5 亿美元。

1984 年 11 月 19 日，墨西哥城液化石油气站发生大爆炸，造成 542 人死亡，7000 多人受伤，35 万人无家可归。

国外发生的碰撞类事件如下：

2007 年 11 月 7 日，中远釜山号货轮在驶进旧金山湾时与旧金山—奥克兰海湾大桥发生碰撞，货轮的船身受损破裂，导致 22 万升的重油泄漏进旧金山湾区。

2001 年 9 月 11 日，美国纽约世界贸易中心双塔陆续受到飞机撞击，导致世界贸易中心南北两塔完全倒塌，造成 5 千余人死亡和重大财产损失。

1983 年 4 月 18 日下午，一辆卡车撞向了美国驻黎巴嫩大使馆，致使一幢 7 层的结构局部倒塌，造成 63 人死亡。

国内发生的碰撞类事件有：

2008 年 3 月 27 日，在建的国内第三长跨海大桥——金塘大桥，遭到货船的撞击，造成长约 60m、总重 3000t 的钢筋混凝土桥面断裂并整块坍塌，重压在货船的尾部，致使 4 人失踪。

2007年6月15日广东省佛山市南海区九江大桥的桥墩在遭受2800t的运沙船撞击后，造成200m的桥面坍塌，多辆汽车坠入江中，导致9人死亡，交通也因此而中断，损失巨大。

武汉长江一桥自1957年建成通车以来，被撞70余次；黄石长江公路大桥自1995年12月建成通车以来，共发生轮船碰撞桥墩事故20多起，其中严重的一次导致轮船及所载货物沉没；南京长江大桥自1968年贯通累计发生30起船撞桥事件。

各种不同的工程结构在使用期间都有可能遭受冲击载荷的破坏，如车与车、车与人的碰撞，车辆与道路、桥梁、建筑物的碰撞，坠落物与海底管线相撞，船舶与桥墩相撞等都是在人们生活中发生较频繁的碰撞事故。国内外发生过很多与冲击载荷有关的灾难性事故，造成了很大的人员伤亡和经济损失，使人们更加意识到防范冲击载荷对工程结构破坏的重要性。

在爆炸或碰撞这类冲击载荷作用下，结构构件一旦破损或者失效，就有可能危及整个建筑物的安全。因此，如何减小甚至避免冲击载荷可能对结构关键构件造成的损伤，是一个非常值得关注研究的问题。

1.2 研 究 现 状

1.2.1 结构抗爆研究现状

爆炸是某一物质系统在发生迅速的物理变化或化学反应时，能量从一种形式向另一种或多种形式转化并伴有强烈机械效应的过程。在此过程中，空间内的物质以极快的速度把其内部所含有的能量释放出来，转变成机械能、光能和热能等。爆炸体系在爆炸瞬间会产生高温高压气体，导致爆炸体系和周围的介质之间发生急剧的压力突变，这种剧烈的压力突变会对周围介质造成破坏。当建筑物遭受爆炸载荷作用时，结构构件特别是主要的承载构件，一旦遭到外来冲击破坏造成损伤以致失效丧失功能时，就有可能使建筑物的破坏从最初的局部损坏演化到整体破坏乃至倒塌，给建筑安全带来严重的威胁。因此，研究结构构件尤其是主要承载构件的抗爆性能和相应的防护措施对于保证结构安全有着非常重要的意义。

1. 爆炸冲击波的基本特性

按照引起爆炸过程的性质不同进行分类，爆炸可以分为物理爆炸、化学爆炸和核爆炸。物质因状态或压力发生突变而形成的爆炸属于物理爆炸，譬如工业生产中常见的锅炉爆炸事故；物质之间存在化学反应引发的爆炸属于化学爆炸，其中炸药爆炸是最典型的化学爆炸；核爆炸是指爆炸能源主要为核裂变或者核聚变反应时所释放出的能量。综合风险频率和爆炸后果，本文主要讨论炸药引起的化学爆炸。

化学爆炸的物质不论是可燃物质与空气的混合物，还是爆炸性物质（如炸药），都是一种相对不稳定的系统，在外界一定强度的能量作用下，能产生剧烈的放热反应，产生高温高压气体和空气冲击波，从而引起强烈的破坏作用。爆炸的破坏形式主要包括冲击波作用、碎片弹射，以及会引发的火灾和产生的毒气等，其中冲击波可对建筑结构造成直接破坏。物质爆炸时，产生的高温高压气体以极高的速度膨胀，像活塞一样挤压周围空气，把爆炸反应释放出的部分能量传递给压缩的空气层，空气受冲击而发生扰动，使其压力、密度等产生突变，这种扰动在空气中传播就称为冲击波。冲击波的传播速度极快，在传播过程中，可以对周围环境中的建筑物产生破坏作用和使人员伤亡。冲击波的破坏作用主要是由其波阵面上的超压引起的。在爆炸中心附近，空气冲击波波阵面上的超压可达几个甚至十几个标准大气压。当爆炸冲击波在空气中传播或与建筑物相互作用，以及施加载荷于建筑物上时，会引起空气和建筑物的压力、密度、温度和质点速度迅速变化。对于上部结构的抗爆问题，主要研究炸药爆炸后所形成的空气冲击波载荷作用在结构上时，对整体结构或构件所造成的影响或者损坏。

爆炸冲击波基本特性是结构工程抗爆设计的基础，国内外针对爆炸冲击波的传播机理以及建筑结构的超压模型进行了较为系统的理论和试验研究。

贝克根据爆炸冲击波与结构相互作用的模型规律，提出了适用于线弹性和简单非线性系统的比例定律。亨利奇根据不同的比例距离建立了冲击波峰值超压的经验计算公式，提出了爆炸冲击波强度的预测方法，可反映自由空气中入射冲击波峰值超压的大小。林大超等采用解析方法，针对空气中爆炸时爆炸波超压的变化规律，进行了理论分析。卢红琴采用 AN-SYS/LS-DYNA 对集团装药在空中爆炸产生的冲击波进行模拟，将模拟值和亨利奇经验公式计算值进行对比，证明：采用合理的有限元模型可以有效地模拟空中爆炸冲击波的传播过程。在此基础上，进一步就不同单元网格密度和空气状态方程参数对模拟精度的影响分别进行分析。龚顺风等对自由空气中爆炸载荷进行了数值模拟，分析了空气网格尺寸和求解算法对爆炸载荷模拟结果的影响，并与经验预测和基于美国抗爆标准 TM5-1000 参考值进行了比较分析。研究结果表明，空气单元网格尺寸对爆炸冲击波峰值超压有着显著的影响，对冲量也有一定的影响。

都浩等应用非线性显式动力分析软件建立了建筑物外部爆炸超压的计算模型，模拟了建筑物外部的刚性地面上发生爆炸的过程，研究了爆炸冲击波在建筑外部空间中的传播与衰减规律，以及作用在建筑物外表面的爆炸超压载荷的基本特性。贝沙拉针对地面建筑有限空间内的爆炸载荷进行了基础分析，指出内爆炸载荷的初始峰值可由缩尺试验或者刚性面的反射理论获得。张晓伟等基于动力响应一致性的原则，提出了将典型建筑物构件所遭受的爆炸载荷等效为无升压时间的三角形均布载荷的方法。贾光辉等人通过对爆炸过程的分析，运用质量和动量守恒原理，推导出了爆炸过程中应力波传播的主要规律。

2. 材料在爆炸载荷作用下的本构关系

不同工程材料在爆炸类高应变率加载条件下与缓慢加载下的动力特性相比，有着明显的差别。在冲击载荷作用下，结构材料加载速度极快，应变率可达到 $10/s \sim 10^3/s$；而在常规静力加载过程中，材料试验的应变率仅为 $10^{-5}/s$ 左右。随着应变速率的提高，材料内部发生了一系列物理、化学变化，对应的材料力学特性参数，例如强度、延性、弹性模量和阻尼比等均有不同程度的变化。

混凝土材料在冲击载荷作用下的响应是一个非常复杂的过程，不仅涉及了材料内部微结构损伤缺陷的演化发展，而且还涉及了材料应变率敏感效应影响。混凝土材料的应变率敏感性是引起动载荷作用下混凝土材料力学性能显著区别于其准静态载荷作用下的主要因素。

赵建平等通过混凝土爆炸试验，测到了距爆源 8～16cm 范围内的爆炸波全应变信号。通过信号的时频能分析，将爆炸波识别后分离为爆炸冲击波区、应力波区及爆生气体膨胀作用区，并就各区的作用时间、力量大小、能量特征及其随距离的衰减特点开展了定量研究。胡时胜等利用直锥变截面式霍普金森杆（Hopkinson bar）对混凝土材料试件进行了冲击压缩实验。实验结果表明，在准静态加载下，混凝土材料应变率效应接近于一般金属材料，即只有当应变率发生量级变化时，其流动应力才有变化；但是在冲击加载下，混凝土材料的应变率效应比一般金属材料敏感得多，应变率只要有很小的变化就可导致流动应力的显著变化。混凝土材料的内部结构决定了它的破坏形式不同于一般的弹塑性材料，其内部的微裂纹、气泡等缺陷在外力作用下将不断地生成、发展和演化，直至最后导致宏观破裂。这种损伤软化效应严重影响着混凝土材料的力学性能，尤其是在其高速变形过程中。刘海峰等基于损伤与塑性耦合理论，以修正的四参数破坏准则为屈服法则，引入损伤，发展了一个动态本构模型用于描述混凝土材料的冲击特性。在该模型中，考虑了引起混凝土材料弱化的两种不同的损伤机制，即拉伸损伤和压缩伤。钢筋混凝土在各种载荷作用下都是应变敏感的。

对于低碳钢和建筑用低合金钢，随着加载速率的改变，其力学性能也有明显变化。钢材在常应变速率下的单轴拉伸压缩试验结果表明：应变速率的变化对钢材的屈服极限影响较大，对其极限强度和弹性模量影响较小；钢材的屈服极限随应变速率的增加而提高；静力屈服强度低的钢材，快速变形下屈服强度提高较多，反之则较少；钢材拉压强度随应变速率变化规律相同，即其抗压和抗拉强度随应变速率的提高而引起的变化基本相同；随含碳量的提高，应变速率对钢的力学性能减弱，在钢材硬化条件下则不起作用。

3. 结构构件在爆炸载荷作用下的动力响应

由于爆炸载荷具有冲击作用时间短、传播速度快和幅值大等特点，结构整体或者局部构件的动力响应明显不同于常规载荷。在爆炸载荷作用下，结构的承载构件一旦损伤或者破坏，就有可能波及整个结构的安全，造成严重的后果。

纽里克和阮等开展了钢板在不同级别的爆炸载荷作用下动力响应的试验研究，重点分析了钢板几何形状和边界约束对冲击效果的影响，提炼了三种不同的钢板爆炸破坏模式。廖祖伟等对钢板—泡沫材料复合夹层板抗爆性能进行了试验研究。任新见等对钢板—泡沫金属—钢板叠合结构抗爆机理进行了分析。哈辛托等对爆炸载荷作用下的金属板进行了试验及数值模拟研究，通过试验研究获得的数据来指导数值模拟对爆炸作用下金属板的动力反应进行深入研究。宫本研究了钢筋混凝土板在冲击载荷作用下的弯曲失效和冲压剪切失效，将钢筋混凝土在冲击载荷作用下分三个区域，并引入动态因子进行设计，考虑了加载速率对失效模型和最终力学性能的影响，且认为在冲击载荷作用下，时间函数是问题的关键。其中，混凝土部分只考虑强化区域，并被看作是正交各向异性材料。理查德·刘和陈红采用不同的单元形式对钢梁和钢柱在爆炸载荷作用下的动力响应进行了分析研究。雅各对多组四边形钢板遭受爆炸载荷下的动力响应进行了试验研究，并对试验结果进行了数值预测评估。伊图尼等研究了一个8层商业建筑的抗爆性能，并针对楼板提出了各种可能出现的破坏形式以及改善方法。克劳奇针对钢筋混凝土板在远距离的爆炸载荷作用下的动力响应进行了分析。洛则对钢筋混凝土板的抗剪和抗弯性能与各种影响因素之间的关系进行了关联分析。张想柏等对接触爆炸钢筋混凝土板的震塌效应进行了研究，现场试验归纳出爆炸成坑、爆炸震塌、爆炸贯穿和爆炸冲切形态，通过有限元程序对板体的变形、破坏动态工程进行数值模拟，通过对影响爆炸震塌效应参数的分析，引入新的震塌破坏系数及破坏等级，提出新的坍塌厚度计算公式。在铁摩辛柯（Timoshenko）梁理论的基础上，克劳萨默等开展了钢筋混凝土构件在脉冲载荷作用下的反应机理研究，分析了钢筋混凝土板和梁在瞬时载荷作用下的反应，研究了钢筋混凝土构件的变形和受载特征。方秦等提出了一种基于Timoshenko梁理论的非线性分层梁有限元法，在材料模型中考虑了混凝土和钢筋的非线性和应变速率效应等因素，并用此方法分析了爆炸载荷作用下钢筋混凝土梁的动力响应以及弯曲、直剪等不同的破坏形态，计算所得结果与试验定性观测和定量结果具有较好的一致性。

克劳萨默通过数值模拟，研究分析了钢筋混凝土框架节点在抵抗爆炸载荷时加强筋的作用以及钢框架节点的爆炸破坏形式，提出了一种动力剪切抗力模型以及相应的等效单自由度分析方法。针对爆炸载荷下钢梁与柱连接节点的动力反应特征，沙布瓦拉基于美国抗爆标准TM 5-1300 手册进行了有限元分析，指出其中的不足之处。威廉姆斯等提出了一种研究爆炸对建筑物破坏的简单方法，指出钢筋混凝土结构容易在构件节点处发生破坏，因为在节点处容易形成塑性铰或产生塑性屈服。

美国 Karagozian & Case（K&C）公司针对钢柱开展了一系列抗爆试验研究，通过测试发现：普通框架结构承受爆炸冲击后，钢柱自身截面破坏较小，由于钢材具有较强的韧性，钢柱整体变形很大，主要的局部破坏和撕裂发生在梁柱连接处和柱底支座处。

针对地下爆炸冲击波作用下钢柱的弹塑性动力响应，郝洪和崔毅进行了数值分析，指出钢柱的动力屈曲与场地冲击振动频率之间存在一定联系。杜林对爆炸载荷作用下的普通混凝土短柱和钢管混凝土短柱进行了数值模拟分析，并对产生的节点位移和爆炸空腔进行了对比。师燕超研究了独立柱表面的爆炸压强空间分布以及柱子几何形状和刚度对爆炸载荷的影响，并建立了判定爆炸载荷作用下钢筋混凝土柱破坏程度的一种基于竖向剩余承载力的破坏准则。

伍德森以比例为 1∶4 的 2 层钢筋混凝土（reinforced concrete，RC）框架结构作为试验研究对象，对比分析了炸药中心与 RC 柱迎爆面距离以及结构承重柱间有无填充墙等因素对结构位移响应和破坏形式的影响，研究结果表明：RC 柱的破坏形态与所承受爆炸作用的特点以及 RC 柱的结构特性有关。巴奥等采用 ANSYS/LS-DYNA 软件对爆炸作用下 RC 柱的剩余承载力进行了数值分析，提出了预测 RC 柱剩余承载力的计算公式，分析了轴力、截面尺寸和配筋率等相关参数对柱体响应的影响。克劳萨默以 Timoshenko 梁理论为基础，对钢筋混凝土梁在爆炸作用下的弯曲破坏和剪切破坏提出了简化的抗力模型。罗丝推导求得了脉冲载荷作用下 Timoshenko 梁弹性动力响应的解析解，从理论上证明了在某些情况下剪切破坏可能先于弯曲破坏发生，但分析过程仅限于弹性结构。陈为研究不同加固形式下 RC 柱的抗爆性能改善情况，针对三根 RC 柱进行爆炸模拟分析和抗爆试验研究。

魏雪英利用 ANSYS/LS-DYNA 软件对爆炸载荷作用下钢筋混凝土柱的动力响应进行了数值模拟，将爆炸载荷施加在柱的前表面，钢筋采用塑性硬化模型，混凝土材料采用脆性损伤模型，研究过程考虑了损伤及应变率效应，分别针对矩形截面和方形截面柱在不同折合距离时的侧向位移和失效情况进行了分析。

彭利英针对钢筋混凝土结构的底层框架柱进行了爆炸数值分析。在研究过程中，分别设定 1m、3m、5m 三种比例距离，每一种比例距离再分别按 10kg、50kg 和 100kg 三种量级的TNT 炸药进行考虑。通过对比分析各个爆炸工况下柱子的动力响应及损伤形态，发现：柱子在爆炸冲击波作用下的动力响应对于比例距离的改变十分敏感；当炸药在地面爆炸时，柱子最终破坏的区域总是在柱底到柱高的 1/3 处；随着比例距离的增加，柱子最终的破坏形态由剪切型转变为弯曲型。

李忠献等采用对空气扩散有限制的典型爆炸超压模型，考虑应变速率和损伤累积效应对钢材的影响，对钢柱和平面钢框架在爆炸载荷作用下的动力响应和破坏模式进行了数值模拟和分析；张秀华等对爆炸载荷作用下钢筋混凝土的动力响应和破坏过程进行了分析。

冯红波为研究爆炸载荷作用下钢管混凝土柱的性能，采用 ANSYS/LS-DYNA 软件对方钢管混凝土柱在表面爆炸载荷作用下的冲击响应进行了数值模拟。其中，混凝土采用混凝土材料在高压、高应变和高应变率下的动态本构模型（Holmguist-Johnson-Cook，HJC）模型，钢管采用考虑应变率的随动硬化塑性模型。研究显示：当折合距离较小时，尽管内填混凝土破坏严重，但钢管能有效约束混凝土的横向变形，可表现出良好的延性特征，抗爆性能优越；随着折合距离的增大，柱子变形明显减小。

龚顺风为研究钢筋混凝土结构底层柱的抗爆性能，针对近爆作用下钢筋混凝土柱的损伤过程及破坏机理进行了数值模拟分析，建立的数值模型考虑了应变率对钢筋和混凝土材料动力本构关系特性的影响以及炸药—空气—结构三者之间的流固耦合相互作用。结果表明：在爆炸冲击载荷作用下，钢筋混凝土柱表层混凝土首先开始剥落，受到约束的柱脚和柱顶混凝土发生冲剪破坏，在持续的横向变形作用下柱整体发生弯曲，产生一系列的横向裂缝；在等比例距离爆炸作用下，不同反射区的钢筋混凝土柱，受到的爆炸冲击载荷存在较大的差异，通常的比例定律不适用于近爆情形。

阎石等采用有限元分析方法，对钢筋混凝土框架柱在外部爆炸载荷作用下的非线性反应特征和损伤程度进行了分析。分析过程中，将钢筋混凝土柱的损伤划分为四个等级，采用一种塑性损伤模型并考虑了材料的应变率效应。

陈剑杰等为研究密闭结构抵抗一定当量爆炸动力载荷的可行性，实施了厚壁空心圆柱体钢筋混凝土结构的化学爆炸实验。同时，开展了化爆实验的结构抗爆性能的数值分析，讨论了线弹性模型动力有限元数值计算中的参数取值和结构的动力破坏准则问题。

方秦等从材料应力—应变关系出发，分别应用截面分层法、修正压场理论方法和克劳萨默模型建立了单调加载条件下的柱抗力曲线（包括截面弯矩-曲率关系、平均剪应力-平均剪应变关系和直剪剪力-直剪滑移关系），并以此为骨架，提出了加卸载条件下 RC 柱截面抗力曲线；在此基础上，根据 Timoshenko 梁理论和有限差分方法，建立了爆炸作用下 RC 柱非线性动力响应的显式分析方法，提出了 RC 柱在爆炸作用下弯曲、斜剪、直剪等破坏模式的判别准则，分析了爆炸作用（峰值、作用时间及其沿柱上分布形式）、截面抗力（受弯能力、受剪能力）、轴力、柱长等对 RC 柱破坏模式的影响特点及规律。研究表明：在爆炸作用下，RC 柱会发生弯曲破坏、斜剪破坏和直剪破坏等 3 种典型破坏模式，但主要以斜剪破坏为主；爆炸作用时间越短，峰值越高，柱截面抗剪能力越弱，RC 柱越易发生斜剪破坏，甚至直剪破坏；轴力越大，柱越长，RC 柱越易发生弯曲破坏。

李国强等认为结构构件在爆炸冲击波载荷作用下的受力与整体结构关系不大，只与受力构件周围一定范围内的结构构件刚度有关，在爆炸冲击载荷作用下，可以把结构构件简化为考虑端部约束条件的单根杆件进行分析。并研究了柱端约束条件对框架柱在爆炸空气冲击波作用下分析结果的影响，提出了一种框架柱抗爆分析计算的简化模型。

郝洪针对钢筋混凝土框架中的填充砌体单元模型进行了数值模拟研究，结果表明：在高强度、短时间的爆炸载荷作用下，钢筋混凝土结构或构件容易发生剪切破坏，在低强度长作用时间的爆炸载荷作用下容易发生弯曲破坏。丁阳等在基于连续损伤力学和裂缝微观发展理论进行了砌体墙在爆炸载荷作用下产生的碎片尺寸分布分析，并进行概率统计分析，得到不同爆炸工况下碎片的概率密度函数。

列缅尼科夫等模拟了在复杂城市环境中爆炸对建筑物的影响。在不确定爆炸参数的情况下，安布罗西尼等提出了一种确定爆炸位置及规模的方法。陆新征模拟了美国世贸中心飞机撞击后的倒塌过程，用有限元模拟方法分析了整体结构在爆炸冲击波载荷作用下的动力特征和破坏形态。申祖武等对爆炸冲击波作用下建筑结构动力特性进行了数值模拟及试验研究。鲁基奥尼等对在爆炸载荷作用下建筑物的倒塌进行了模拟研究。师燕超运用 ANSYS/LS-DYNA，建立了某 2 跨 3 层框架结构的二维有限元模型，研究了初始损伤、结构的初始条件等因素对爆炸载荷作用下钢筋混凝土框架结构连续倒塌过程的影响，并将分析结果与传统的结构倒塌分析方法的分析结果进行了对比，进一步提出了一种改进的钢筋混凝土结构连续倒塌分析的方法。

针对建筑物结构上的重要受力构件的抗爆加固和改造，国内外很多研究学者进行了大量的数值模拟和试验研究。

喻健良针对抑制爆炸产生的压力波进行了大量的研究，研究过程中对抑制爆炸波传播的方法进行了讨论，在此基础上得到了网孔结构或可压缩材料抑制爆炸波强度研究结果。王礼立对应力波效应和材料动态特性效应如何影响强动载荷下的结构安全防护性能，进行了分析和讨论。

任志刚等对聚氨酯泡沫复合夹层板的抗爆特性进行了分析。石少卿等根据硬质聚氨酯泡沫塑料的性能和特点，介绍了泡沫塑料在抗爆、隔爆工程中的应用。焦楚杰等对钢纤维高强混凝土在抗爆工程中的应用的历史和现在进行了总结，分析了试验研究、理论分析与工程应用方面存在的问题。张志刚等对爆炸载荷下碳纤维布加固混凝土板的抗弯性能进行了研究。张少雄研究了高速船复合材料层台板在冲击载荷作用下的非线性动力响应，指出当冲击载荷的幅值相同、载荷作用的持续时间相同时，阶跃载荷和方形脉冲作用下板的响应最大，而三角形脉冲作用下板的响应最小。齐内丁通过试验研究和有限元模拟详细研究了钢板、钢筋混凝土板以及纤维加固钢筋混凝土板和钢板加固混凝土板在爆炸冲击波载荷作用下的动力反应特征及破坏形态。石少卿等从理论及数值模拟方面对钢板-泡沫-钢板新型复合结构降低爆炸冲击波性能进行了研究。孙文彬对不同爆炸载荷下钢筋混凝土板的动力特性和破坏特征进行了研究。朗瑟斯对泡沫铝板在爆炸载荷作用下的动力反应进行了研究。

莫里尔等提出了用钢外壳或复合材料缠绕建筑物的柱、楼板的加固设计方法，可有效改善钢筋混凝土柱、板的抗爆能力。钢筋混凝土柱的形状对爆炸载荷有一定的影响，研究中使用了方形和圆形种截面形状在 100kg、200kg 和 500kg TNT 炸药的 3 种装药情况下的抗爆性能，结果表明，在爆距相同的情况下，柱的横截面积和形状可以显著地影响冲击波对柱的加载方式及最终的响应。

丹尼斯和埃蒙通过试验研究和有限元模拟，详细研究了砌块墙体在爆炸冲击波载荷作用下的动力反应特性、避免脆性断裂的加固方法和已有砌体结构的抗爆加固措施。加拉蒂对用纤维板加固的砖墙进行抗静力试验和理论分析。以色列的穆申斯基对用碳纤维布加固的砖墙进行了抗爆试验研究。戴维森对通过弹性聚合物薄膜加固的 CMU 墙体进行了爆炸试验和数值模拟研究。毛益明等对水体防爆墙与混凝土防爆墙的消波减爆作用进行了研究。兰德里用 1/4 砌体模型进行了爆炸载荷作用下实验研究有限元分析，显示砌体结构在爆炸空气冲击波载荷的作用下非常容易发生脆性断裂破坏。迪南等对钢立柱建筑物外部抗爆填充墙进行的原形野外试验结果显示，完全锚固的钢柱墙是构筑抗爆墙的有效方法。马西提出了在结构墙前面修建防爆墙，两墙之间的空间填充饱和土来充当冲击缓冲器以延迟和消散结构墙上的高压，并给出了数学推导，证明了饱和土降低瞬间爆炸压力的效果和作用。刘飞等人试验研究了 3.6m 高抗爆墙在地面重要建筑物反爆炸的作用。王飞等对挡波墙在空气爆炸冲击波作用下的消波作用进行了数值计算研究。王欣通过 ANSYS/LS-DYNA 程序对玻璃纤维加固粉煤灰砌块墙片进行了二维有限元分析，并对不同粘贴加固形式进行了计算和比较研究，对工程应用提出了设计建议。李朝针对爆炸冲击波的传播及爆炸载荷作用下配筋砌块墙体的动力响应进行数值模拟研究。

刘殿书等对中间含吸能层的复合防护结构的动力响应及破坏规律进行了研究，研究地面爆炸地震动传播规律分析及结构刚柔复合防护研究表明：外拱结构的破坏基本上属于冲切破坏，内拱结构的破坏基本上属于拱的压弯破坏，复合结构的破坏是以牺牲外拱和泡沫混凝土为代价来保护整体防护结构的。李永梅在分析工程爆破和地震波的特性和砌体房屋的受震破坏特征的基础上，分析并得出砌体房屋受各类爆破地震破坏机理和模型。克劳萨默等则详细研究了门窗玻璃在爆炸冲击波载荷作用下的破坏特征和抗爆加固措施。

4. 结构抗爆防护措施研究现状

结构抗爆设计早期主要针对军事工程结构，但是随着经济的发展和社会需求的变化，越来越多的抗爆措施也被逐渐应用于各类工业或者民用建筑工程中，用来防范各种偶然性或者人为性爆炸事故的风险威胁。例如以美国为代表的西方发达国家自 20 世纪 60 年代就开展了结构在爆炸载荷下的响应研究，先后制定颁布了《结构防连续倒塌设计规程》和《突发性爆炸载荷作用下结构设计手册》等相关重要技术手册或设计指南。

国内外主要采用两种基本的防护方法：一是从爆炸源出发，对被防护建筑物设置防护距离，设立缓冲区，如抗爆墙、防爆路障等；二是从结构本身出发，或对建筑物使用抗爆性能良好的结构降低爆炸造成的危害，即概念性抗爆防护，或采用增加目标厚度、采用复合结构以及开发新型材料等方案加固构件，如粘贴钢板、柱子环向粘贴碳纤维材料、粘贴吸能材料如泡沫铝等。结构构件抗爆防护措施主要采取复合结构的形式，复合结构是由两种或两种以上性能不同的材料按照一定的方式复合而成，以"三明治"夹层结构为典型代表。由于不同材料的物理化学性能各有差异，当受爆炸载荷作用时，复合结构能够通过结构的响应来吸收或衰减冲击能量。常见的复合抗爆防护结构可分为以下几类：

(1) 泡沫夹层结构。不同于常规金属材料，泡沫金属材料具有独特的力学特性，主要变现为其应力—应变曲线存在一个比较长的应力平台，在受到冲击载荷时可将大量的冲击能转变为变形能。

泡沫铝是一种新型多功能材料。它是在金属铝基体中分布着大量气泡的一种金属材料，兼有连续金属相和分散空气相的特点，由于气泡的存在使其具有许多独特的功能，特别是冲击吸能效果良好。

根据已有的研究成果，选取多孔泡沫铝作为吸能材料可对结构起到有效的防护作用。例如在一定的冲击载荷作用下，内含泡沫铝防护层的钢筋混凝土板随着泡沫铝防护层厚度的增加，钢筋混凝土板的挠度变形显著减小，受到的冲击加速度幅值衰减较大，泡沫铝防护层能够有效提高钢筋混凝土板的抗爆性能。

泡沫混凝土也可作为吸能夹层，结合合理的结构形式，同样可取得良好的防护性能。

（2）聚合物夹层结构。夹层结构也可选取纤维织物、橡胶或者组合材料作为吸能层。根据文献，碳纤维和玻璃纤维增强环氧树脂复合材料、纤维—金属层压板、橡胶夹芯覆盖层都可对构件进行有效防护。

（3）钢板或型钢复合结构。钢材不仅强度高而且延性好，因此可用于设计冲击防护结构。在此基础上，衍生出了各种复合防护措施。压型钢板-方钢管钢筋混凝土组合结构是选取压型钢板作为面板，在钢筋混凝土中加入方钢管，以提高防护结构的延性和抗弯承载力，避免直剪破坏，减轻自重。装配式钢板-混凝土组合结构在爆炸冲击波作用下的变形与爆炸当量、结构高度、结构厚度以及钢板厚度等因素均密切相关。

上述抗爆防护措施主要在于提高构件的承载力和耗能能力。除此之外，爆炸载荷作用下的抛射碎片对附近人员具有较大的杀伤力，这一因素在这些复合结构中可加以考虑并引入相应的构造措施，例如引入纤维织物或者土工布一类的材料，可取得一定的效果。

1.2.2 结构抗撞研究现状

与爆炸载荷类似，建筑结构在撞击载荷作用下，损坏也会比较严重。日常生活中，除去车辆与桥梁结构、护栏以及船舶与桥梁等相撞的事故以外，建筑物在地震过程中形成的局部塌落体以及建筑施工期间的坠落物都可能对结构或构件造成不同程度的冲击损伤及破坏。

根据碰撞速度的不同，碰撞可分为高速碰撞、中速碰撞与低速碰撞。三者的区别在于其物理现象的不同。一般来说，在低速碰撞时，所研究的问题属于结构动力学问题，这时以分析结构物体的总体变形为主；在中速碰撞条件下，碰撞点附近区域靶材料的性质起主要作用，结构效应退居次要地位；在高速碰撞时，材料的惯性效应其至相变效应会起重要的作用。对各种工程结构物而言，通常所遭受的碰撞都属于低速碰撞。

1. 碰撞计算模型

类似于冲击现象的划分，如果只考虑碰撞速度，可以将其分为低速、中速和高速碰撞三种，结构碰撞以低速碰撞为主，那么根据碰撞过程能量是否守恒，碰撞可分为弹性碰撞或称为完全弹性碰撞（碰撞前后系统动能守恒，一般能完全恢复原状）、非弹性碰撞（碰撞前后系统动能不守恒，碰撞之后部分恢复原状）和完全非弹性碰撞（碰撞后物体结合在一起或以相同的速度运动，可将其看成一个整体）。自然界中的多数碰撞都属于非弹性碰撞。

应用于碰撞研究中的模型主要有两种：碰撞动力学模型和接触单元模型。碰撞动力学模型应用共量守恒定律和能量恢复系数修正碰撞后的速度，假定碰撞为质心对撞并且是瞬间完成的，忽略碰撞体的瞬时应力和变形。该模型无法给出碰撞载荷时程，且碰撞持续时间较长时，变形不能忽略，该模型不适用。接触单元模型则是一种基于力的方法，在碰撞部位添加接触单元来模拟碰撞过程中的局部变形和能量耗散，且此单元在碰撞发生时置入，脱离时撤出。

2. 结构构件抗撞性能分析

美国海军土木工程试验室在 1972 年采用落锤试验设备进行了预应力混凝土叠合梁在冲击载荷作用下的动力性能研究。本图尔等利用落锤试验机对长 1400mm、截面尺寸为 100mm×150mm（净跨 960mm）的素混凝土和钢筋混凝土简支梁在冲击载荷下的行为进行了研究。埃尔库克对 8 根钢筋混凝土梁进行了落锤冲击试验，所有试件的纵向钢筋相同，而所配抗剪箍筋数量不同，以研究抗剪能力对梁抗冲击性能的影响，冲击载荷施加在梁的跨中，且对同一试件进行了多次冲击加载。扬科夫斯基、穆图库马把应用于多体系统碰撞问题研究的 Hertz-damp 模型引入结构碰撞研究，该模型可较好地模拟结构碰撞过程。马哈詹等采用有限元法对受横向撞击弹性板所受的撞击力进行了计算。瓦兹里还采用超有限元法分析了复合层板和圆柱壳受飞行物撞击的动力响应问题。帕克采用塑性铰概念，研究了刚塑性悬臂梁端部受质量撞击的动力响应。西蒙兹和弗赖伊研究发现，当输入的能量远大于结构能够存储的最大弹性变形能，并且施加脉冲的时长远小于结构弹性振动的基本周期时，可以采用刚塑性模型，而不必考虑弹性效应的影响。阿萨纳斯拉东等基于动量守恒在弹性范围内研究了多个相邻结构的碰撞问题。帕潘德里欧等利用拉格朗日乘子方法研究了地震中相邻建筑物的碰撞问题。阿纳格诺斯托普洛斯和扬科夫斯基等采用线性弹簧与阻尼并联的 Kelvin 模型对碰撞进行了模拟研究，解决了碰撞过程中的刚度非线性和能量损失问题，可较好地模拟结构碰撞过程。

杨永强等针对构件跌落碰撞问题，将 Hertz-damp 模型与有限元方法结合，给出了结构碰撞位移突加约束条件，建立了构件跌落碰撞模型，初步分析了跌落构件质量、质量分布以及跌落高度等参数对碰撞过程的影响。雷正保针对结构碰撞问题具有的大应变特性，论述了求解这类问题增量运动方程的表述形式、材料的本构关系、应变率效应、单元理论、接触处理及积分格式等。刘旭红研究了梁系和管系这类结构受强动载荷作用或它们之间发生强烈碰撞时的塑性动力响应及失效问题，揭示出可变形结构塑性动力失效的基本特征。宋春明研究了弹性支承和阻尼约束条件下梁受横向撞击的动力响应。根据撞击局部区域的接触力—嵌入深度关系式，利用拉格朗日方法建立了横向撞击下柔性动边界梁的动力方程，并通过与简支梁在相同撞击条件下撞击力、横向位移的对比分析，说明了柔性支承对结构动力响应的影响。施莱尔利用有限元模拟发现，在矩形脉冲载荷作用下，理想弹塑性铰支梁中点的最终位移，有可能位于载荷作用方向相反的一侧。多洛哥等通过数值模拟研究了霍普金森杆碰撞弹塑性自由梁的问题，给出了撞击初始阶段的冲击力响应。虞吉林等采取实验途径研究了落锤横向撞击固支软钢梁的问题，通过激光测速计测量落锤的速度，并采用高速摄像机观测梁的变形。聂子锋实验研究了不同速度质量块刚架跨中的动态大挠度响应。宋晓滨对重物高空坠落高速撞击钢筋混凝土楼（屋）盖时的结构损伤进行了分析。车伟利用 ANSYS/LS-DYNA 有限元程序，考虑几何非线性和材料非线性效应，开展单层椭圆抛物面网壳结构在撞击载荷作用下的动力稳定性研究。

3. 结构构件抗撞防护措施

由于碰撞载荷与爆炸载荷同属于冲击载荷，因此爆炸类防护装置大体上均可用于结构构件抗撞防护，例如泡沫夹层或者蜂窝结构、聚合物夹层结构或者压型钢板混凝土复合结构。

1.3　亟待解决的问题

在过去很长的一段时间内，对于工程结构抗冲击载荷特别是爆炸载荷作用，在世界各国范围内均未受到充分重视。直到最近十余年，工程结构抗冲击防护研究的问题才逐渐被人们所关注。现阶段，有两方面的情形值得注意：一方面，由于意外事故，工程结构遭受冲击载荷破坏的实例很多，而且很多情况下都有可能造成极为严重的后果；另一方面，既有的抗冲击防护装置还存在着各种不足，亟待发展。

在爆炸、碰撞等冲击载荷的作用下，结构将表现出与准静态情形差异极大的力学行为，此时结构的动力变化过程需要按照复杂的非线性问题进行处理。由于外部载荷的加载速率很快，惯性力的作用将不可忽略，需要按照弹塑性动力学的理论求解结构的动力响应。针对冲击载荷下钢筋混凝土结构构件的动力性能，研究人员通过试验分析、理论分析以及数值分析等途径，获得了冲击力、加速度、位移、应变等结构动力反应时程以及结构构件的破坏模式。在此基础上，研究了冲击速度、约束条件、混凝土强度、钢筋配筋率等参数对结构破坏效应的影响。但是，冲击载荷下钢筋混凝土结构动态性能研究仍存在许多需要进一步深化之处，譬如基于应变速率变化的材料本构关系模型，构件冲击过程中能量耗散分配机理以及迁移的时效特征以及可靠的抗冲击防护措施等。

1.4 研究目标及内容

1.4.1 研究目标

针对工程结构物，项目拟设计一种新型的抵御爆炸和碰撞等冲击载荷作用的防护装置，通过在结构关键构件表面设置刚柔复合防护层，最大限度地耗散冲击载荷的入射能量，从而抵御冲击载荷的破坏效应，达到保护工程结构物的目的。

1.4.2 研究内容

（1）刚柔复合防护措施。在构件表面设置耐冲击金属板的做法属于刚性防护的范畴，可以提高构件的承载力，但无法减小构件内力；在结构表面设置柔性层的做法属于柔性防护的范畴，柔性层可以吸收并耗散一定的外来能量、减少构件承受的载荷，但是在冲击载荷下容易受损，耗散外部能量的潜力有限。对此，提出一种刚柔复合防护措施：在柔性层之上增设一块刚性板，外部施力对象首先将载荷作用到刚性板上，然后再传递给柔性层，最后是构件受力。这样不仅可以使柔性层避免局部破坏，而且可以将冲击载荷扩散到较大的区域内，有助于提高柔性层的抗冲击能力。

（2）结构构件在设置刚柔复合防护措施下的爆炸动力响应。在爆炸载荷作用下，研究不同抗爆防护措施对钢筋混凝土墙、柱和钢柱动态响应的影响，主要考虑无防护、刚性防护、柔性防护以及刚柔复合防护等四种工况。

（3）结构构件在设置刚柔复合防护措施下的碰撞动力响应。通过有限元和试验研究相结合的方法，研究分析各种防护形式的梁在碰撞载荷作用下的动态响应规律，从而对比分析刚性防护、柔性防护和刚柔复合防护措施的防护效果。

2 阵列式复合防护新技术

灾难性破坏凸显了提高结构构件抗冲击载荷能力的重要性。由于结构关键构件的破坏往往会引起连锁反应，导致整个工程结构的毁坏，因此研究结构关键构件在冲击载荷作用下的新型防护装置至关重要。

在工程结构及构件抵御冲击载荷方面，除去设置路障和隔离墙避免爆炸近距离发生以外，常规的抗冲击措施主要包括采用新材料、在构件表面粘贴防护层以及采用加芯式构造设计等途径。

在构件表面设置耐冲击金属板的做法属于刚性防护的范畴，可以提高构件的承载力，但无法减小结构内力；在结构表面设置柔性层的做法属于柔性防护的范畴，柔性层可以吸收并耗散一定的外来能量、减少构件承受的载荷，但是在冲击载荷下容易受损，而且由于表面受载不均匀以及材料内部侧向约束的原因，耗散外部能量的潜力非常有限。在墙体内嵌入柔性材料的做法入侵结构本身，不能用于直接承载的构件，仅能用作远距离的隔离措施。显然，隔离装置会大幅增加结构占地面积，而且会增加人员接近的困难性，或者限制交通工具的通过性，除去军事结构或者极重要的工程结构，一般很少采用。采用新材料，如在混凝土中添加钢纤维，虽可提高混凝土的强度，但现阶段材料抗冲击载荷能力提高极其有限，而且由于结构材料用量很大，导致工程造价太高，一般工程结构难以承受。

2.1 工程结构冲击失效破坏的原因

在冲击载荷下的作用下，工程结构物可能会出现破损，但不一定会完全破坏，关键取决于受损构件的性质和损伤的程度。如果是关键承载构件，损伤与否以及损伤程度就会对结构的安全产生很大的影响，例如桥梁结构中的桥墩，如果受损严重就会发生倒塌。反之，桥上的护栏即使完全损坏，对桥梁整体安全性的影响也几乎可以忽略不计。

关键构件在冲击载荷下出现损伤的征兆主要表现为开裂、弯曲和断裂等情形。主要原因在于：①外部作用载荷超过限值，构件承载力不足；②构件刚度不够；③耗能能力有限。

2.2 阵列式复合防护装置的工作原理

要避免结构关键构件破损或者失效，就需要限制构件的变形以及外部直接作用到构件上的载荷过大。这可以从载荷和能量两方面考虑。首先，可以从载荷的角度考虑。尽管冲击载荷作用到构件上的实际过程是很复杂的，但可以进行简化，不妨认为是在构件和外部施力对象之间出现了碰撞现象。对于实际的碰撞过程，外部施力对象就是入侵的碰撞物，易于确定。但是，对于爆炸过程则比较复杂。这种情况下外部施力对象如何确定呢？实际上，在爆炸发生后会在空气中诱发高速的气流流动。尽管局部范围内空气质量很小，但这种气流速度极高，因此携带的能量仍然很大。这种高速气流就是爆炸过程中对构件的外部施力对象。

在系统动量变化（即冲量）一定的条件下，如果能够限制冲击力的数值水平，使之尽可能变小，就可以抑制冲击效应。显然，这样就需要尽可能延长碰撞发生过程中的持续时间。达到这一目的可以通过在外部施力对象和构件之间设置柔性缓释吸能材料来实现，如图 2.1所示。同时，由于实际碰撞的接触面较小，为避免柔性层局部受力集中，有必要扩大承载面积，可在柔性层之上增设一块刚性板，外部施力对象首先将载荷作用到刚性层上，然后再传递给柔性层，最后是构件受力。这样不仅可以避免柔性层发生局部破坏，而且可以将冲击载荷扩散到较大的区域内，有助于提高柔性层的抗冲击能力。

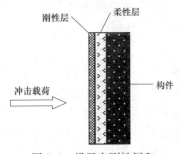

图 2.1　设置有刚性层和
柔性层的构件

图 2.1 所示为设置有刚性层和柔性层的构件，对于这种刚柔复合防护，如果从能量的角度来考虑，可以发现其在实际应用过程还是有一定缺陷的。因为，对于大面积的柔性层而言，除去边缘部分以外，其余绝大部分区域的材料都是三向受压的，限制了整个柔性层的变形能力。假想存在的柔性块及其受力状况如图 2.2 和图 2.3 所示，原来的柔性层可以假想为由没有间隙的一系列柔性块组成，每个柔性块的变形均受到周围柔性块的制约，未能充分发挥其耗能潜力。那么，如何去除这种不利影响呢？可以考虑

将柔性层采用一系列小尺寸的柔性块来替代，在柔性块之间预留足够的空间，以利于每个柔性块充分受压变形，由柔性块阵列替代的柔性层如图 2.4 所示。实际应用过程中，可根据构件表面尺寸、柔性块的间隙和高度确定所需要的柔性块的具体数量。这种情况下，每个小尺寸的柔性块均为单向受压，由于没有侧向约束，变形更为充分。原来的柔性层可以视为由没有间隙的一系列柔性块组成，这种做法不仅节省材料，而且提高了吸收外部能量的潜力。如果刚性层下的柔性层被阵列式柔性块集合替代之后，更易于调整整个缓冲吸能层的刚度参数，可取得更好的抗冲击效果。但必须注意的是，柔性层或者柔性块这种所谓的"柔性"是相对于刚性层而言的，这种柔性构件的绝对刚度并不一定很小，需要考虑与外部激励水平、刚性层和被保护对象的受载性能相匹配。

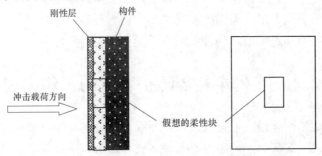

图 2.2　柔性层中假想存在的柔性块

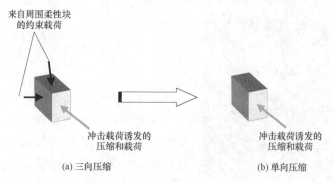

来自周围柔性块
的约束载荷

冲击载荷诱发的
压缩和载荷

冲击载荷诱发的
压缩和载荷

(a) 三向压缩

(b) 单向压缩

图 2.3　假想柔性块的受力状况

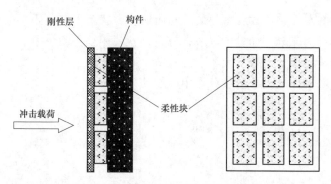

刚性层

构件

柔性块

冲击载荷

图 2.4　由柔性块阵列替代的柔性层

2.3　阵列式复合防护装置的构造形式

在冲击载荷作用下，柔性块主要受到沿冲击方向的一维压缩作用。如果采取常规黏结的做法，柔性块与外侧的刚性板和里侧的构件表面之间存在黏结力，将制约柔性块体的横向变形。同时，如果整个防护装置采取悬挂外置的方式，由于需要抵御竖向重力以防脱落，黏结式的可靠性远不如螺栓连接。因此，放弃黏结而改用螺栓连接的方式，更为可行，柔性块阵列式防护装置构造如图2.5所示。通过在构件内埋置螺栓，可以实现刚性板、柔性块和构件

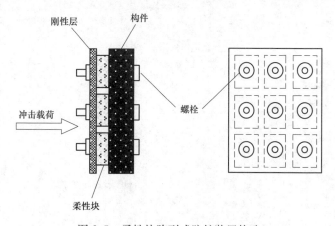

刚性层

构件

螺栓

冲击载荷

柔性块

图 2.5　柔性块阵列式防护装置构造

图 2.6　柔性块阵列式防护装置实物模型

彼此之间的连接。阵列式复合防护装置的实物模型参考图 2.6 所示，刚性板可以考虑钢材，柔性块可以选用化学高分子合成材料譬如橡胶制成，以突出经济性。

基于采取刚柔复合防护的设计理念，提出了一种新型柔性块阵列式分布的防护装置。防护装置由刚性面层和柔性吸能层两部分组成：外置刚性面层可以保证柔性吸能层受力的均匀性，并可避免柔性材料仅出现局部变形，能够有效提高防护装置的吸能潜力；采用预留间隙的系列柔性块代替单一的大面积的柔性层，改变材料的三向压缩受力状态为单向压缩状态，不仅在冲击载荷作用下压缩变形更为充分，而且可以节省材料，安装调整更为灵活。

该装置具有构造简单、安装方便、节省材料、成本低以及抗冲击能力强和耗能潜力大等优点，可以有效抵御构件遭受冲击载荷作用下的动力反应。

3 复合防护钢筋混凝土柱的抗爆性能研究

当建筑物在服役期内遭受局部爆炸的作用，导致关键构件例如柱构件损伤或失效时，就可能引起结构局部破坏乃至或者整体破坏。因此，研究钢筋混凝土柱构件在爆炸作用下的损伤规律以及防护措施的有效性具有重要的实践意义。基于有限元程序 ANSYS/LS-DYNA，本章针对在爆炸载荷作用下设有不同防护措施的钢筋混凝土柱构件进行了一系列的动力响应模拟分析。通过对比一系列动力响应指标，譬如冲击压力、位移、加速度、有效应变/应力以及应变能等分析不同防护措施的抗爆性能。

3.1 有限元模型

1. 定义单元类型

本次数值模拟过程中，钢筋混凝土柱、空气层、炸药、钢板和橡胶板均采用 SOLID164 实体单元，如图 3.1 所示。SOLID164 是用于三维显示的结构实体单元，该单元共有 8 个节点，支持非线性特性。钢筋采用 LINK160 杆单元进行模拟。该单元为三维圆截面杆单元，有 3 个节点，能够分析轴向载荷。

2. 定义材料属性

在冲击载荷作用下，由于材料将经受大应变、高应变率和高压等行为，故与一般结构分析所采用的材料模型相比，爆炸载荷作用下采用的材料模型较为复杂。

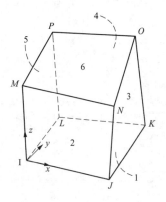

图 3.1 SOLID164 单元

（1）混凝土材料模型。HJC 模型是 T. J. Holmquist 等提出的混凝土材料在高压、高应变和高应变率下的动态本构模型。该模型考虑了损伤度和应变率效应对材料本构关系的影响，可以较好地描述爆炸冲击载荷作用下混凝土的大变形、高应变率及高压下产生的损伤、破碎和断裂等行为。HJC 模型的强度关系描述如下：

$$\sigma^* = [A(1-D) + BP^{*N}](1 + C\ln\dot{\varepsilon}^*) \tag{3.1}$$

$$D = \sum \frac{\Delta\varepsilon_p + \Delta\mu_p}{D_1(P^* + T^*)^{D_2}} \tag{3.2}$$

式中：$\sigma^* = \sigma/f_c$，为特征化等效压力；$P^* = P/f_c$，为无量纲压力；$\dot{\varepsilon}^* = \dot{\varepsilon}/\dot{\varepsilon}_0$，$\dot{\varepsilon}$ 为应变率，$\dot{\varepsilon}_0$ 为参考应变率；$T^* = T/f_c$，为材料的无量纲最大特征化拉伸强度。

其中，σ 为实际等效压力，P 为单元内的静水压力，T 为材料的最大拉伸应力，f_c 为材料准静态单轴抗压强度，材料常数 A 是特征化黏性强度，B 是特征化压力硬化系数，C 是应变率影响系数，N 是压力硬化系数，D 是损伤度，D_1、D_2 为损伤参数，损伤度 D 随塑性应变的累积而增长（$D=0$ 表示完好，$D=1$ 表示失效），$\Delta\varepsilon_P$ 和 $\Delta\mu_P$ 分别代表在一个积分步长内单元的等效塑性应变和塑性体积应变。

混凝土材料在受压时产生的畸变响应可以用等效塑性应变来描述，混凝土 HJC 本构模型中的损伤度主要是由等效塑性应变产生的。体积响应则用状态方程来描述，在混凝土的压缩阶段，HJC 模型采用三阶段多项式状态方程。

第一阶段是线弹性区（$\mu \leqslant \mu_{\text{crush}}$），静水压力和体积应变呈线性关系：

$$P = K\mu \tag{3.3}$$

式中：P 为单元内的静水压力；K 为混凝土的弹性模量；μ 为单元的体积应变。

第二阶段为过渡区（$\mu_{\text{crush}} \leqslant \mu \leqslant \mu_{\text{lock}}$），此阶段混凝土内部气泡破裂，混凝土结构受到损伤，并开始产生破碎性裂纹，混凝土没有完全破坏。

$$P = P_{\text{crush}} + K_1(\mu - \mu_{\text{crush}}) \tag{3.4}$$

式中：$K_1 = (P_{\text{lock}} - P_{\text{crush}})/(\mu_{\text{lock}} - \mu_{\text{crush}})$；$\mu_{\text{lock}}$ 为对应于 P_{lock} 的单元体积应变。

卸载时

$$P = P_{\text{crush}} + K_1(\mu_0 - \mu_{\text{crush}}) + [(1-F)K + FK_1](\mu - \mu_0) \tag{3.5}$$

式中：$F = (\mu_0 - \mu_{\text{crush}})/(\mu_{\text{lock}} - \mu_{\text{crush}})$，$\mu_0$ 为混凝土单元卸载前的体积应变。

第三阶段为混凝土完全破碎的压实阶段（$\mu \geqslant \mu_{\text{lock}}$）：

$$P = K_1\bar{\mu} + K_2\bar{\mu}^2 + K_3\bar{\mu}^3 \tag{3.6}$$

卸载时

$$P = K_1\bar{\mu} \tag{3.7}$$

式中：$\bar{\mu} = (\mu - \mu_{\text{lock}})/(1 + \mu_{\text{lock}})$，$K_1$，$K_2$ 和 K_3 为混凝土的材料常数。

本章中混凝土材料采用 HJC 模型，其参数取值见表 3.1。表中 RO 为密度，其余参数参见上文。

表 3.1 　　　　　　　　　　　HJC 混凝土模型参数表　　　　　　　　　　　g-cm-μs

RO	G	A	B	C	N	F_C	T	$EPS0$	$EF_{\min}$
2.4	0.1486	0.79	1.6	0.007	0.61	0.000 48	4e5	1e6	0.01
$SF_{\max}$	P_C	U_C	P_L	U_L	D_1	D_2	K_1	K_2	K_3
7.0	0.000 16	0.001	0.008	0.1	0.04	1.0	0.85	−1.71	2.08

注 表格中采用 g-cm-μs 单位而非国际单位制 kg-m-s，与数值模拟软件的输入要求有关。

（2）钢板和钢筋材料模型。钢板和钢筋采用双线性随动材料模型 *MAT_PLASTIC_KINEMATIC，该模型适合模拟各向同性非线性硬化材料，并可考虑应变率对材料强度的影响，同时也可考虑失效应变的影响，可通过硬化参数来调整各向同性硬化和随动硬化的贡献。参数取值见表 3.2，表中 RO 为密度；E 为初始弹性模量；PR 为泊松比；$SIGY$ 为钢筋屈服强度；$ETAN$ 为切线模量；$BETA$ 为硬化参数；SRC 和 SRP 为应变率影响参数；FS 为考虑侵蚀元素的破坏应变；VP 为黏塑性应变率影响参数。

表 3.2 钢材模型参数表 g-cm-μs

RO	E	PR	SIGY	ETAN	BETA	SRC	SRP	FS	VP
7.85	2.0	0.3	0.003 45	0.0118	0	40.4	5	0.3	0

注　表格中采用 g-cm-μs 单位而非国际单位制 kg-m-s，与数值模拟软件的输入要求有关。

（3）橡胶板材料模型。橡胶材料宜选取超弹性模型，可采取 Blatz-Ko 非线性弹性模型，在 ANSYS/LS-DYNA 中采用 *MAT_BLATZ-KO_RUBBER 关键字定义。该模型使用第二类 Piola-Kirchoff 应力：

$$S_{ij} = G\left[\frac{1}{V}C_{ij} - V^{\left(\frac{1}{1-2\nu}\right)}\delta_{ij}\right] \tag{3.8}$$

式中：G 为剪切模量；V 为相对体积；C_{ij} 为右柯西—格林应变张量；δ_{ij} 为克罗内克 δ 函数。

当剪切模量作为仅有的材料性质定义时，即可使用这种材料模型。数值模拟中材料的泊松比取为 0.463，橡胶板密度取为 $\rho = 1.150\text{g/cm}^3$。

（4）炸药的材料模型和状态方程。选取 MAT_EXPLOSIVE_BURN 材料模型和 JWL 状态方程来描述炸药，参数取值见表 3.3，其中：RO 为质量密度；D 为起爆速度；PCJ 为 Chapman-Jouget（契普曼-柔格）压力；$BETA$ 为 β 燃烧标识（β 可取 0.0，1.0，2.0）；K 为体积模量（仅当 $\beta = 2.0$）；G 为剪切模量（仅当 $\beta = 2.0$）；$SIGY$ 为 σ_y，屈服强度（仅当 $\beta = 2.0$）。

表 3.3 炸药模型参数表 g-cm-μs

RO	D	PCJ	BETA	K	G	SIGY
1.64	0.693	0.27	0	0	—	—

注　表格中采用 g-cm-μs 单位而非国际单位制 kg-m-s，与数值模拟软件的输入要求有关。

JWL 状态方程描述为：

$$P = A\left(1 - \frac{\omega}{R_1 V}\right)e^{-R_1 V} + B\left(1 - \frac{\omega}{R_2 V}\right)e^{-R_2 V} + \frac{\omega E}{V} \tag{3.9}$$

式中：A、B、R_1、R_2 和 ω 为 JWL 状态方程参数；E 为炸药的内能；V 为当前相对体积。模拟中采用装药密度为 1.64g/cm^3 的 TNT 炸药，炸药的爆速 $D = 0.693\text{cm}/\mu\text{s}$，爆压 $PCJ = 2.7 \times 10^{10}\text{Pa}$。TNT 炸药的其他参数为：$A = 374\text{GPa}$，$B = 3.23\text{GPa}$，$R_1 = 4.15$，$R_2 = 0.95$，$\omega = 0.30$。

（5）空气的材料模型和状态方程。采用材料模型 MAT_NULL 来模拟空气模型，该模型需要定义空气材料的密度。空气的状态方程使用线性多项式（EOS_LINEAR_POLYNOMIAL）状态方程来描述：

$$P = C_0 + C_1 u + C_2 u^2 + C_3 u^3 + (C_4 + C_5 u + C_6 u^2)E \tag{3.10}$$

当该方程用于理想气体时，$C_0 = C_1 = C_2 = C_3 = C_6 = 0$，$C_4 = C_5 = \gamma - 1$，$\gamma$ 为理想气体等熵绝热指数。此时状态方程转换为：

$$P = (\gamma - 1)\frac{\rho}{\rho_0}E \tag{3.11}$$

式中：ρ 为当前密度；ρ_0 为初始密度；E 为材料的内能。

3. 建立实体模型

需要建立的有限元实体模型包括 TNT 炸药、空气、钢筋混凝土柱及抗爆防护装置,其中炸药和空气采用欧拉网格建模,钢筋混凝土及抗爆防护装置采用拉格朗日网格建模,单元采用多物质 ALE 算法,然后通过流固耦合方式来处理相互作用。为了模拟无限空间,外表面施加无反射边界条件。爆炸作用下钢筋混凝土结构的损伤主要取决于炸药量、爆炸距离和混凝土结构构件的自身特性。

采用的空气团尺寸为 3100mm×700mm×3800mm,炸药和钢筋混凝土柱等模型均处于其中;炸药尺寸为 20mm×20mm×20mm,相当于 13.12kg 的 TNT 炸药量,炸药处于钢筋混凝土柱中心点的正前方位置,初始距离为 2m;钢筋混凝土柱的尺寸为 500mm×500mm×3600mm,纵筋采用 8ϕ22 对称配筋,箍筋采用 ϕ10@150;刚性层选用尺寸为 20mm×500mm×3600mm 的钢板模拟,柔性层选用尺寸为 80mm×500mm×3600mm 的橡胶板模拟。刚柔复合防护层是在柔性层上外覆刚性层,外部载荷首先作用到刚性板上,然后再传递给柔性层,最后是构件受力。根据钢筋混凝土的外形尺寸和钢筋的分布可建立几何模型,忽略钢筋与混凝土之间的滑移,钢筋与混凝土采用完全黏结方式,建立的几何模型如图 3.2 和图 3.3 所示。

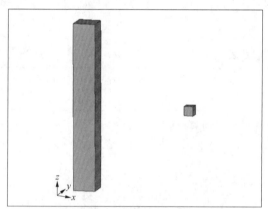

图 3.2 无防护钢筋混凝土柱模型图

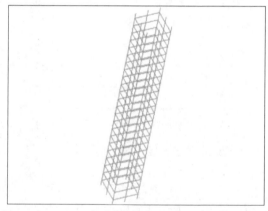

图 3.3 钢筋布置图

由于建立的几何实体模型比较规则,故采用映射网格划分模型。采用映射网格划分方式比另一种自由网格划分方式相对规整一些。网格划分时,实体单元尺寸控制为 50mm,整个模型(不含抗爆防护装置)共划分了 74 464 个 SOLID 单元。计算过程中采用 g-cm-μs 单位制。

4. 动力参数指标

计算中提取的钢筋混凝土柱的动力响应指标一共包括柱的压力、x 方向位移、x 方向加速度、等效应变、等效应力以及变形能等六项。

等效应力采用范式等效应力(von mises stress),用应力等值线来表示模型内部的应力分布情况。它可以清晰描述出参数在整个计算模型中的分布变化,从而确定模型中的最危险区域。

$$\sigma_e = \frac{1}{\sqrt{2}} \sqrt{(\sigma_x - \sigma_y)^2 + (\sigma_x - \sigma_z)^2 + (\sigma_y - \sigma_z)^2 + 6(\tau_{xy}^2 + \tau_{xz}^2 + \tau_{yz}^2)} \qquad (3.12)$$

式中：σ_x 为 x 方向正应力，MPa；σ_y y 方向正应力，MPa；σ_z 为 z 方向正应力，MPa；τ_{xy} 为 xy 面切应力，MPa；τ_{yz} 为 yz 面切应力，MPa；τ_{xz} 为 xz 面切应力，MPa。

同理，等效应变的计算公式为：

$$\varepsilon_e = \frac{1}{\sqrt{2}}\sqrt{(\varepsilon_x - \varepsilon_y)^2 + (\varepsilon_x - \varepsilon_z)^2 + (\varepsilon_y - \varepsilon_z)^2 + 6(\gamma_{xy}^2 + \gamma_{xz}^2 + \gamma_{yz}^2)} \tag{3.13}$$

式中：ε_x 为 x 方向应变；ε_y 为 y 方向应变；ε_z 为 z 方向应变；γ_{xy} 为 xy 面切应变；γ_{yz} 为 yz 面切应变；γ_{xz} 为 xz 面切应变。

3.2　两端固支柱

首先，对两端固支的钢筋混凝土柱进行抗爆性能研究。模拟中考虑的工况包括无防护、刚性防护、柔性防护和复合防护四种基本措施，以及在复合防护措施基础上进行优化的阵列式复合防护措施。载荷的作用面为 YOZ 平面，则柱可能产生的最大位移方向为 x 方向。

1. 不同防护措施的防护效果对比

不同工况的几何模型如图 3.4 所示。模拟过程中主要提取各种工况下钢筋混凝土柱的各项指标峰值来进行分析，鉴于出现峰值的观测点位置不固定，还统一提取了钢筋混凝土柱迎爆面柱中心点作为一个固定位置的辅助观测点，提取并分析其各项指标峰值。

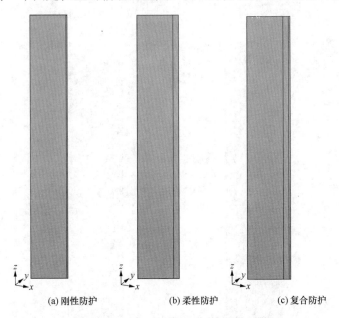

(a) 刚性防护　　　　(b) 柔性防护　　　　(c) 复合防护

图 3.4　不同防护措施下钢筋混凝土柱

（1）压力。无防护柱、刚性防护柱、柔性防护柱和复合防护柱的压力云图如图 3.5 所示，其中柱的迎爆面为图 3.5（a）中柱的 YOZ 面。对应不同的防护措施，作用于柱上的压力变化有类似趋势，即柱中和支座处的压力较大。无防护柱、刚性防护柱、柔性防护柱和复合防护柱的压力峰值分别为 22.46MPa、17.57MPa、19.16MPa 和 17.35MPa。相较于无防护柱，刚性防护、柔性防护和复合防护的柱压力峰值分别减少了 21.8%、14.7% 和 22.8%。

因此，就压力峰值而言，刚性防护、柔性防护和复合防护对柱均有较好的防护效果，其中复合防护效果最明显。

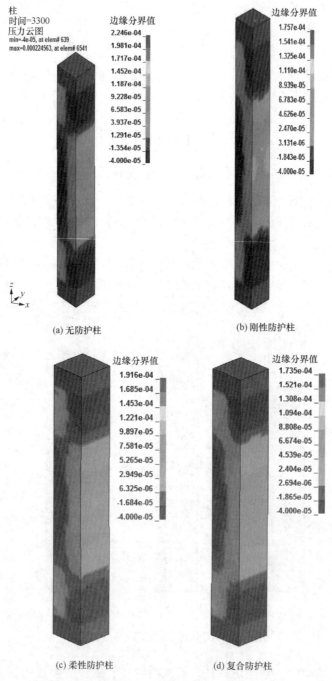

图 3.5　不同防护措施下两端固支柱压力云图（MPa）

柱中固定观测点的压力时程曲线如图 3.6 所示，其中无防护柱、刚性防护柱、柔性防护柱和复合防护柱的对应压力峰值分别为 14.44MPa、11.15MPa、12.69MPa 和 10.46MPa。相较于无防护柱，刚性防护、柔性防护和复合防护的柱压力峰值分别减少了 22.8%、

12.1％和27.6％。

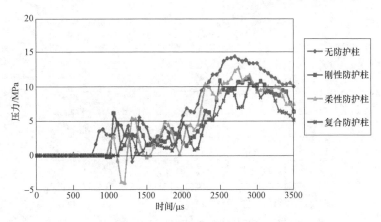

图 3.6　不同防护措施下两端固支柱中心点压力时程曲线图

（2）x 方向位移。无防护柱、刚性防护柱、柔性防护柱和复合防护柱的 x 方向位移云图参见图 3.7。对应不同的防护措施，柱的位移变化趋势大致相同，均为中间大两端小，但是具体数值变化较大，无防护柱、刚性防护柱、柔性防护柱和复合防护柱的位移峰值分别为 3.855mm、2.400mm、2.590mm 和 2.083mm。相较于无防护柱，刚性防护、柔性防护和复合防护的柱位移峰值分别减少了 37.7％、32.8％和 46.0％。因此，就位移峰值而言，刚性防护、柔性防护和复合防护对柱均有较好的防护效果，其中复合防护效果最明显。

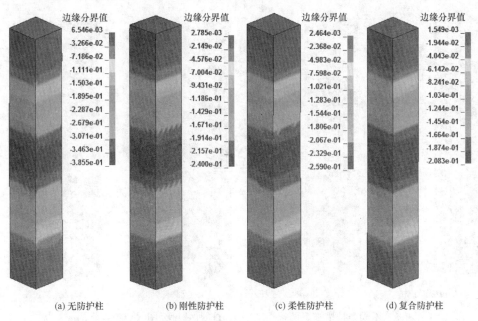

(a) 无防护柱　　(b) 刚性防护柱　　(c) 柔性防护柱　　(d) 复合防护柱

图 3.7　不同防护措施下两端固支柱 x 方向位移云图（单位：cm）

柱中心点的 x 方向位移时程曲线如图 3.8 所示，其中无防护柱、刚性防护柱、柔性防护柱和复合防护柱的对应峰值分别为 3.62mm、2.28mm、2.45mm 和 2.01mm。相较于无防护柱，刚性防护、柔性防护和复合防护的柱位移峰值分别减少了 37.0％、32.3％和 44.5％。

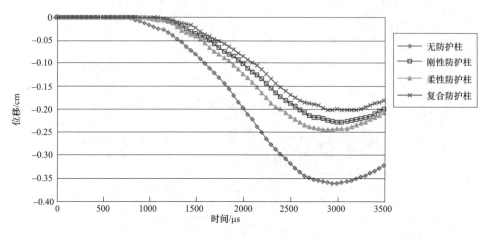

图 3.8　不同防护措施下两端固支柱中心点 x
方向位移时程曲线图

（3）x 方向加速度。无防护柱、刚性防护柱、柔性防护柱和复合防护柱的加速度云图如图 3.9 所示。对应不同的防护措施，柱的加速度变化较大。无防护柱、刚性防护柱、柔性防护柱和复合防护柱的加速度峰值分别为 $6.315 \times 10^4 \, \mathrm{m/s^2}$、$7.241 \times 10^4 \, \mathrm{m/s^2}$、$5.756 \times 10^4 \, \mathrm{m/s^2}$ 和 $4.962 \times 10^4 \, \mathrm{m/s^2}$。相较于无防护柱，刚性防护的柱加速度峰值增加了 14.7%，而柔性防护和复合防护的柱加速度峰值分别减少了 8.9% 和 21.4%。

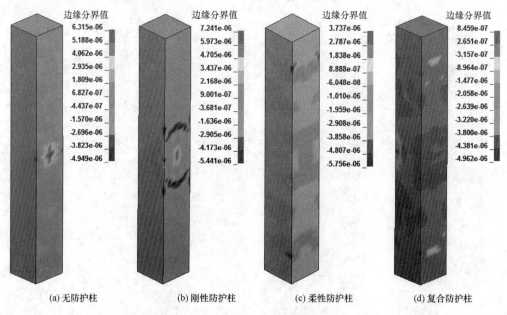

图 3.9　不同防护措施下两端固支柱 x 方向加速度云图（单位：$\mathrm{cm/\mu s^2}$）

柱中心点的 x 方向加速度时程曲线如图 3.10 所示，其中无防护柱、刚性防护柱、柔性防护柱和复合防护柱的对应峰值分别为 $6.31 \times 10^4 \, \mathrm{m/s^2}$、$5.67 \times 10^4 \, \mathrm{m/s^2}$、$3.50 \times 10^4 \, \mathrm{m/s^2}$ 和 $2.21 \times 10^4 \, \mathrm{m/s^2}$。相较于无防护柱，刚性防护、柔性防护和复合防护的柱加速度峰值分别减少了 10.1%、44.5% 和 65.0%。

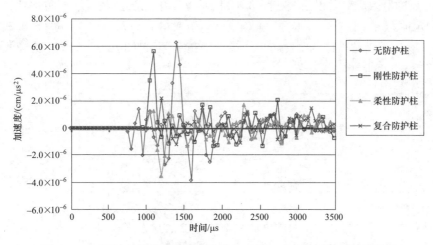

图 3.10　不同防护措施下两端固支柱中心点 x 方向加速度时程曲线图

（4）等效应变。无防护柱、刚性防护柱、柔性防护柱和复合防护柱的等效应变云图如图
3.11 所示。对应不同的防护措施，柱的等效应变分布有类似规律，即柱脚和柱中的等效应
变值较大，其峰值均出现在柱端约束附近。无防护柱、刚性防护柱、柔性防护柱和复合防护
柱的等效应变峰值分别为 0.001 750、0.001 059、0.001 166 和 0.001 026。相较于无防护
柱，刚性防护、柔性防护和复合防护的柱等效应变峰值分别减少了 39.5%、33.4% 和
41.4%。因此，就等效应变峰值而言，刚性防护、柔性防护和复合防护对柱均有较好的防护
效果，其中复合防护效果最明显。

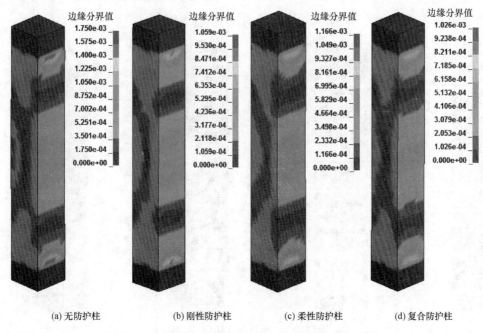

图 3.11　不同防护措施下两端固支柱等效应变云图

柱中心点的等效应变时程曲线如图 3.12 所示，其中无防护柱、刚性防护柱、柔性防护柱和复合防护柱的对应等效应变峰值分别为 0.001 117、0.000 633、0.000 705 和 0.000 554。相较于无防护柱，刚性防护、柔性防护和复合防护的柱等效应变峰值分别减少了 43.3%、36.9% 和 50.4%。

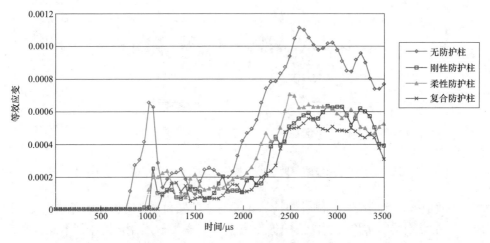

图 3.12　不同防护措施下两端固支柱中心点等效应变时程曲线图

（5）等效应力。无防护柱、刚性防护柱、柔性防护柱和复合防护柱的等效应力云图如图 3.13 所示。对应不同的防护措施，柱的等效应力分布具有类似规律，即柱脚和柱中的等效应力值较大，其峰值均出现在柱端约束附近。无防护柱、刚性防护柱、柔性防护柱和复合防护柱的应力峰值分别为 62.28MPa、47.21MPa、55.47MPa 和 45.76MPa。相较于无防护柱，刚性防护、柔性防护和复合防护的柱等效应力峰值分别减少了 24.2%、10.9% 和

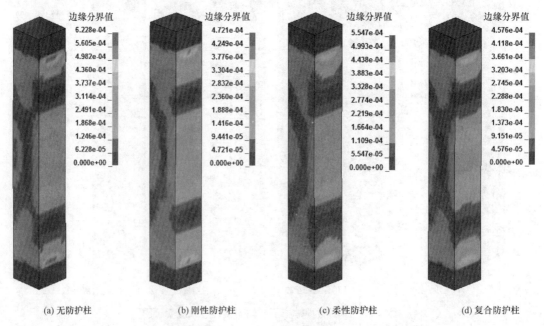

(a) 无防护柱　　　　(b) 刚性防护柱　　　　(c) 柔性防护柱　　　　(d) 复合防护柱

图 3.13　不同防护措施下两端固支柱等效应力云图（单位：MPa）

26.5%。因此，就等效应力峰值而言，刚性防护、柔性防护和复合防护对柱均有较好的防护效果，其中复合防护效果最明显。

柱中心点的等效应力时程曲线如图 3.14 所示，其中无防护柱、刚性防护柱、柔性防护柱和复合防护柱的对应等效应力峰值分别为 39.75MPa、28.22MPa、33.55MPa 和 24.70MPa。相较于无防护柱，刚性防护、柔性防护和复合防护的柱等效应力峰值分别减少了 29.0%、15.6%和 37.9%。

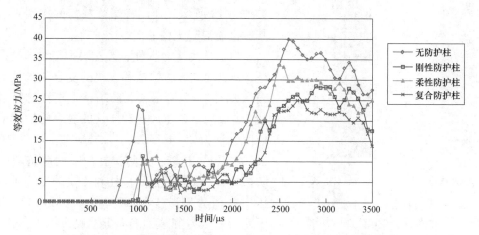

图 3.14　不同防护措施下两端固支柱中心点等效应力时程曲线图

（6）变形能。无防护柱、刚性防护柱、柔性防护柱和复合防护柱的变形能时程曲线如图 3.15 所示，其中无防护柱、刚性防护柱、柔性防护柱和复合防护柱的变形能峰值分别为 4.90×10^{8}J、2.46×10^{8}J、2.93×10^{8}J 和 2.01×10^{8}J。相较于无防护柱，刚性防护、柔性防护和复合防护的柱变形能峰值分别减少了 50.0%、40.2%和 59.0%。因此，就变形能峰值而言，刚性防护、柔性防护和复合防护对柱均有较好的防护效果，其中复合防护效果最明显。

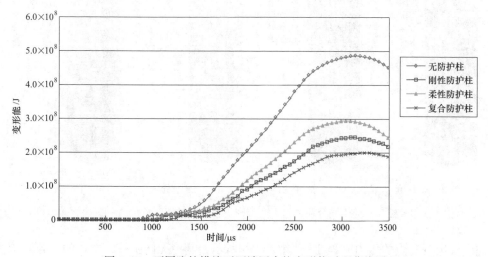

图 3.15　不同防护措施下两端固支柱变形能时程曲线图

2. 阵列式复合防护中柔性层不同分块措施下防护效果对比

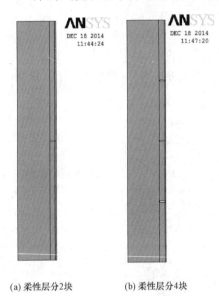

(a) 柔性层分2块   (b) 柔性层分4块

图 3.16 阵列式复合防护柱中
柔性层分块示意图

从上面分析可以看出，复合防护措施对钢筋混凝土柱能起到良好的抗爆防护效果。下面拟在复合防护措施的基础上，将其柔性层进行分块处理，以期得到更好的防护效果。具体做法是，将复合防护措施的柔性层等分为 2 块或 4 块，缝宽均为 2cm，如图 3.16 所示。在同样爆炸载荷的作用下，研究其对钢筋混凝土柱的抗爆防护效果。

（1）压力无防护柱、柔性层为整块的复合防护柱、2 块的复合防护柱和 4 块的复合防护柱的压力云图如图 3.17 所示。无防护柱、整块的复合防护柱、2 块的复合防护柱和 4 块的复合防护柱的压力峰值分别为 22.46MPa、17.35MPa、16.79MPa 和 16.03MPa。相较于无防护柱，柔性层整块的复合防护柱、2 块的复合防护柱和 4 块的复合防护柱的压力峰值分别减少了 22.8%、25.2% 和 28.6%。因此，就压力峰值而言，复合防护 4 块的效果最好，与柔性层整块的复合防护对比，抗爆效果有一定程度的提升。即阵列式刚柔复合防护的效果优于一般的刚柔复合防护。

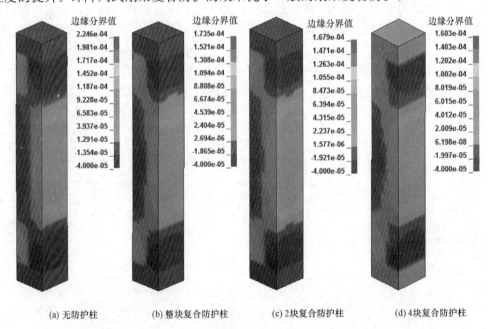

(a) 无防护柱   (b) 整块复合防护柱   (c) 2块复合防护柱   (d) 4块复合防护柱

图 3.17 不同分块措施下两端固支柱压力云图（单位：MPa）

柱中固定观测点的压力时程曲线如图 3.18 所示，其中无防护柱、整块的复合防护柱、2块的复合防护柱和 4 块的复合防护柱对应的压力峰值分别为 14.44MPa、10.46MPa、10.48MPa 和 9.03MPa。相较于无防护柱，整块的复合防护柱、2 块的复合防护柱和 4 块的复合防护柱的压力峰值分别减少了 27.6%、27.4% 和 37.5%。

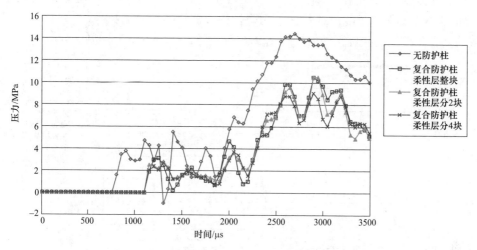

图 3.18　不同分块措施下两端固支柱中心点压力时程曲线图

（2）x 方向位移。无防护柱、整块的复合防护柱、2 块的复合防护柱和 4 块的复合防护柱的 x 方向位移云图如图 3.19 所示。无防护柱、整块的复合防护柱、2 块的复合防护柱和 4 块的复合防护柱的 x 方向位移峰值分别为 3.855mm、2.083mm、1.924mm 和 1.827mm。相较于无防护柱，整块的复合防护柱、2 块的复合防护柱和 4 块的复合防护柱的柱位移峰值分别减少了 46.0%、50.1% 和 52.6%。就位移峰值而言，将复合防护的柔性层进行分块确实能提高抗爆防护效果，且防护效果随着分块数的增加而提升。

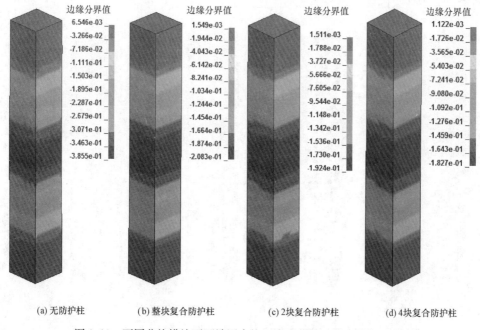

图 3.19　不同分块措施下两端固支柱 x 方向位移云图（单位：cm）

柱中固定观测点的 x 方向位移时程曲线如图 3.20 所示，其中无防护柱、整块的复合防护柱、2 块的复合防护柱和 4 块的复合防护柱对应的 x 方向位移峰值分别为 3.62mm、2.01mm、1.86mm 和 1.76mm。相较于无防护柱，整块的复合防护柱、2 块的复合防护柱和 4 块的复合防护柱的柱位移峰值分别减少了 44.5%、48.6% 和 51.4%。

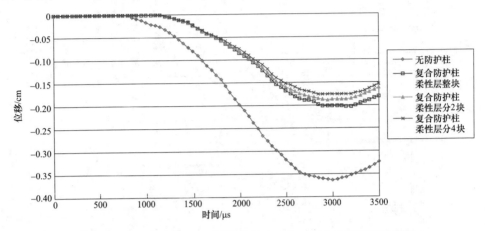

图 3.20　不同分块措施下两端固支柱中心点 x 方向位移时程曲线图

（3）x 方向加速度。无防护柱、整块的复合防护柱、2 块的复合防护柱和 4 块的复合防护柱的 x 方向加速度云图如图 3.21 所示，其中无防护柱、整块的复合防护柱、2 块的复合防护柱和 4 块的复合防护柱的加速度峰值分别为 $6.315 \times 10^4 \, \mathrm{m/s^2}$、$4.962 \times 10^4 \, \mathrm{m/s^2}$、$4.013 \times 10^4 \, \mathrm{m/s^2}$ 和 $3.657 \times 10^4 \, \mathrm{m/s^2}$。相较于无防护柱，整块的复合防护柱、2 块的复合防护柱和 4 块的复合防护柱的加速度峰值分别减少了 21.4%、36.5% 和 42.1%。从加速度峰值的角度，防护效果随着分块数的增加而提升。

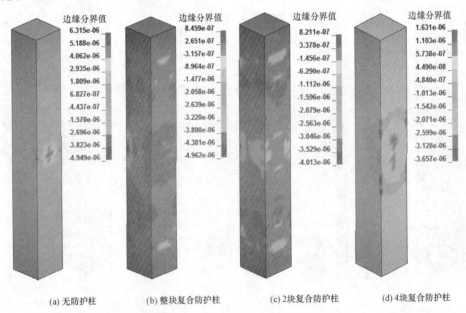

图 3.21　不同分块措施下两端固支柱 x 方向加速度云图（单位：$\mathrm{cm/\mu s^2}$）

柱中固定观测点的 x 方向加速度时程曲线如图 3.22 所示，其中无防护柱、整块的复合防护柱、2 块的复合防护柱和 4 块的复合防护柱对应的 x 方向加速度峰值分别为 $6.31 \times 10^4\,\mathrm{m/s^2}$、$2.21 \times 10^4\,\mathrm{m/s^2}$、$1.16 \times 10^4\,\mathrm{m/s^2}$ 和 $0.82 \times 10^4\,\mathrm{m/s^2}$。相较于无防护柱，整块的复合防护柱、2 块的复合防护柱和 4 块的复合防护柱的加速度峰值分别减少了 65.0%、81.6% 和 87.0%。

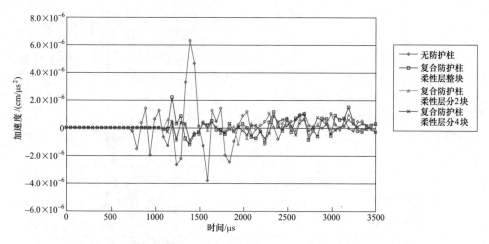

图 3.22 不同分块措施下两端固支柱中心点 x 方向加速度时程曲线图

（4）等效应变。无防护柱、整块的复合防护柱、2 块的复合防护柱和 4 块的复合防护柱的等效应变云图如图 3.23 所示。无防护柱、整块的复合防护柱、2 块的复合防护柱和 4 块的复合防护柱的等效应变峰值分别为 0.001 750、0.001 026、0.000 954 和 0.000 869。相较于无防护柱，整块的复合防护柱、2 块的复合防护柱和 4 块的复合防护柱的等效应变峰值分别减少了 41.4%、45.5% 和 50.3%。因此，就等效应变峰值而言，防护效果随着分块数的增加而提升。

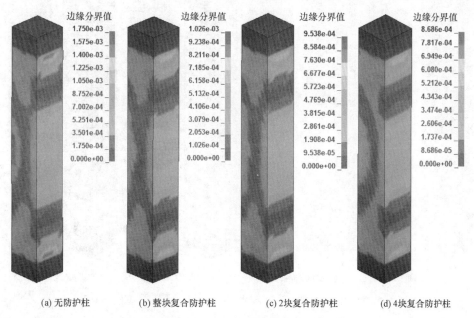

图 3.23 不同分块措施下两端固支柱等效应变云图

31

　　柱中固定观测点的等效应变时程曲线如图 3.24 所示，其中无防护柱、整块的复合防护柱、2 块的复合防护柱和 4 块的复合防护柱对应的等效应变峰值分别为 0.001 117、0.000 554、0.000 571 和 0.000 544。相较于无防护柱，整块的复合防护柱、2 块的复合防护柱和 4 块的复合防护柱的等效应变峰值分别减少了 50.4％、48.9％和 51.3％。

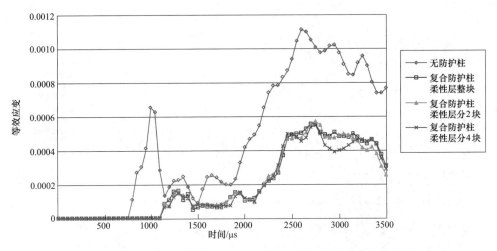

图 3.24　不同分块措施下两端固支柱中心点等效应变时程曲线图

　　（5）等效应力。无防护柱、整块的复合防护柱、2 块的复合防护柱和 4 块的复合防护柱的等效应力云图如图 3.25 所示。对应不同的防护措施，柱的等效应力分布有类似规律，即柱脚和柱中的等效应力值较大，其峰值均出现在柱端约束附近。无防护柱、整块的复合防护柱、2 块的复合防护柱和 4 块的复合防护柱的等效应力峰值分别为 62.28MPa、45.76MPa、

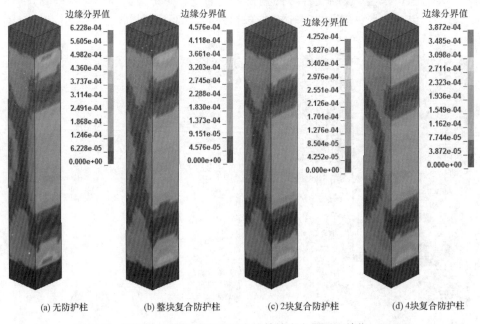

图 3.25　不同分块措施下两端固支柱等效应力云图（单位：MPa）

42.52MPa 和 38.72MPa。相较于无防护柱，整块的复合防护柱、2 块的复合防护柱和 4 块的复合防护柱的等效应力峰值分别减少了 26.5%、31.7% 和 37.8%。从等效应力峰值的角度而言，复合防护 4 块的效果最好，抗爆效果有一定程度的提升。

柱中固定观测点的等效应力时程曲线如图 3.26 所示，其中无防护柱、整块的复合防护柱、2 块的复合防护柱和 4 块的复合防护柱对应的等效应力峰值分别为 39.75MPa、24.70MPa、25.45MPa 和 24.27MPa。相较于无防护柱，整块的复合防护柱、2 块的复合防护柱和 4 块的复合防护柱的等效应力峰值分别减少了 37.9%、36.0% 和 38.9%。因此，随着柔性层分块数的增加，有助于削减等效应力峰值。

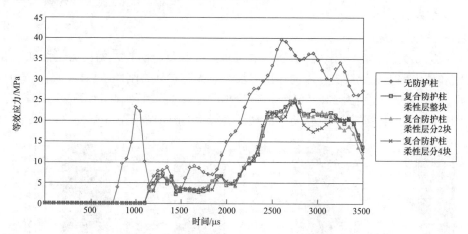

图 3.26　不同分块措施下两端固支柱中心点等效应力时程曲线图

（6）变形能。无防护柱、整块的复合防护柱、2 块的复合防护柱和 4 块的复合防护柱的变形能时程曲线图如图 3.27 所示，其中无防护柱、整块的复合防护柱、2 块的复合防护柱和 4 块的复合防护柱的变形能峰值分别为 4.90×10^8 J、2.01×10^8 J、1.76×10^8 J 和 1.59×10^8 J。相较于无防护柱，整块的复合防护柱、2 块的复合防护柱和 4 块的复合防护柱的变形能峰值分别减少了 59.0%、64.1% 和 67.6%。因此，就变形能峰值而言，复合防护 4 块的效果最好。

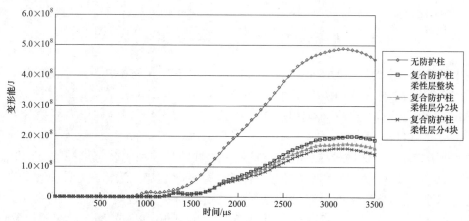

图 3.27　不同分块措施下两端固支柱变形能时程曲线图

3.3 一固一铰柱

下面考虑对不同防护措施下一端固支、一端铰支（简称一固一铰）的钢筋混凝土柱抗爆性能进行研究，具体的工况包括无防护、刚性防护、柔性防护和复合防护四种基本措施，以及在复合防护措施基础上进行优化的阵列式复合防护措施。设置固定约束时选取柱两端的节点，限制其 x、y、z 方向上的位移为 0；设置铰支约束时选取柱两端支座中心线上的节点，限制其 x、y、z 方向上的位移为 0，其余约束部位上的节点限制其 y 方向上的位移为 0，x、z 方向不受约束。

1. 不同防护措施的防护效果对比

（1）压力。无防护柱、刚性防护柱、柔性防护柱和复合防护柱的压力云图如图 3.28 所示，支座和柱中偏上靠近铰支一端的柱压力较大。无防护柱、刚性防护柱、柔性防护柱和复合防护柱的压力峰值分别为 49.56MPa、34.29MPa、32.84MPa 和 32.59MPa。相较于无防护柱，刚性防护、柔性防护和复合防护的柱压力峰值分别减少了 30.8％、33.7％和 34.2％。

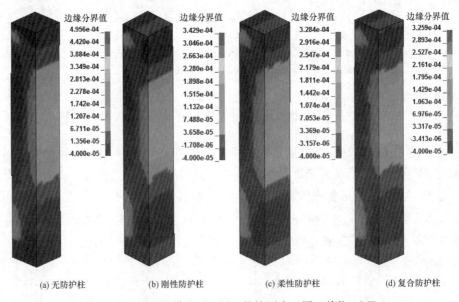

(a) 无防护柱　　　　(b) 刚性防护柱　　　　(c) 柔性防护柱　　　　(d) 复合防护柱

图 3.28　不同防护措施下一固一铰柱压力云图（单位：MPa）

柱中固定观测点的压力时程曲线如图 3.29 所示，其中无防护柱、刚性防护柱、柔性防护柱和复合防护柱对应的压力峰值分别为 14.79MPa、11.09MPa、14.08MPa 和 10.29MPa。相较于无防护柱，刚性防护、柔性防护和复合防护的柱压力峰值分别减少了 25.0％、4.8％和 30.4％。

（2）x 方向位移。无防护柱、刚性防护柱、柔性防护柱和复合防护柱的 x 方向位移云图如图 3.30 所示。对应不同的防护措施，柱的位移变化趋势大致相同，即位移分布显示出不完全对称性，靠近铰支端的柱位移明显更大。无防护柱、刚性防护柱、柔性防护柱和复合防护柱的位移峰值分别为 4.797mm、3.124mm、3.448mm 和 2.991mm。相较于无防护柱，刚性防护、柔性防护和复合防护的柱位移峰值分别减少了 34.9％、28.1％和 37.6％。因此，

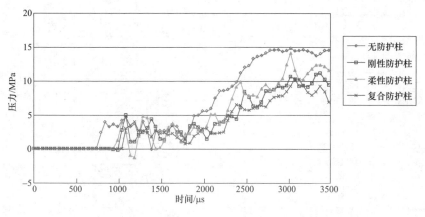

图 3.29　不同防护措施下一固一铰柱中心点压力时程曲线图

就位移峰值而言，刚性防护、柔性防护和复合防护对柱均有较好的防护效果，其中复合防护效果最明显。

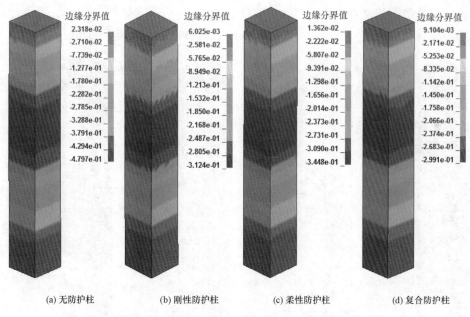

(a) 无防护柱　　　　(b) 刚性防护柱　　　　(c) 柔性防护柱　　　　(d) 复合防护柱

图 3.30　不同防护措施下一固一铰柱 x 方向位移云图（单位：cm）

　　柱中固定观测点的 x 方向位移时程曲线如图 3.31 所示，其中无防护柱、刚性防护柱、柔性防护柱和复合防护柱对应的 x 方向位移峰值分别为 4.30mm、2.81mm、3.13mm 和 2.65mm。相较于无防护柱，刚性防护、柔性防护和复合防护的柱位移峰值分别减少了 34.7%、27.2%和 38.4%。

　　（3） x 方向加速度。无防护柱、刚性防护柱、柔性防护柱和复合防护柱的 x 方向加速度云图如图 3.32 所示。对应不同的防护措施，柱的加速度变化较大。无防护柱、刚性防护柱、柔性防护柱和复合防护柱的加速度峰值分别为 $6.243 \times 10^4 \mathrm{m/s^2}$、$7.540 \times 10^4 \mathrm{m/s^2}$、$5.929 \times 10^4 \mathrm{m/s^2}$ 和 $5.116 \times 10^4 \mathrm{m/s^2}$。相较于无防护柱，刚性防护的柱加速度峰值增加了

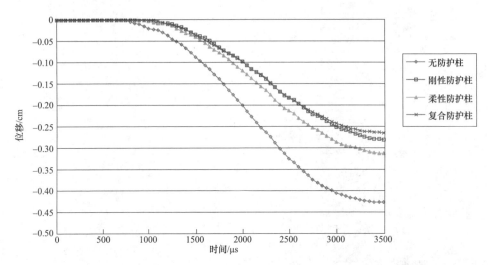

图 3.31　不同防护措施下一固一铰柱中心点 x 方向位移时程曲线图

20.8%，而柔性防护和复合防护的柱加速度峰值分别减少了 5.0% 和 18.1%。因此，从加速度峰值的角度，复合防护对柱有较好的防护效果，能明显降低其加速度峰值。

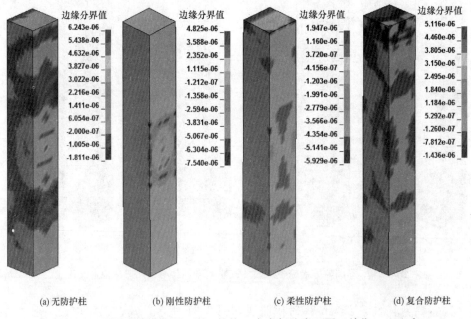

　　　(a) 无防护柱　　　　(b) 刚性防护柱　　　　(c) 柔性防护柱　　　　(d) 复合防护柱

图 3.32　不同防护措施下一固一铰柱 x 方向加速度云图（单位：$cm/\mu s^2$）

　　柱中固定观测点的 x 方向加速度时程曲线如图 3.33 所示，其中无防护柱、刚性防护柱、柔性防护柱和复合防护柱对应的 x 方向加速度峰值分别为 $6.24 \times 10^4 m/s^2$、$4.93 \times 10^4 m/s^2$、$2.89 \times 10^4 m/s^2$ 和 $1.91 \times 10^4 m/s^2$。相较于无防护柱，刚性防护、柔性防护和复合防护的柱加速度峰值分别减少了 21.0%、53.7% 和 69.4%。

　　（4）等效应变。无防护柱、刚性防护柱、柔性防护柱和复合防护柱的等效应变云图如图 3.34 所示。无防护柱、刚性防护柱、柔性防护柱和复合防护柱的等效应变峰值分别为 0.003 863、

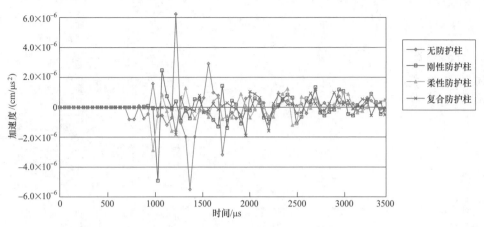

图 3.33　不同防护措施下一固一铰柱中心点 x 方向加速度时程曲线图

0.002 133、0.002 026 和 0.002 006。相较于无防护柱，刚性防护、柔性防护和复合防护的柱等效应变峰值分别减少了 44.8%、47.6% 和 48.1%。因此，就等效应变峰值而言，复合防护的抗爆防护效果最明显。

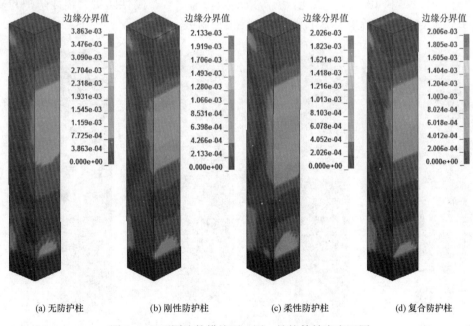

(a) 无防护柱　　(b) 刚性防护柱　　(c) 柔性防护柱　　(d) 复合防护柱

图 3.34　不同防护措施下一固一铰柱等效应变云图

柱中固定观测点的等效应变时程曲线如图 3.35 所示，其中无防护柱、刚性防护柱、柔性防护柱和复合防护柱对应的等效应变峰值分别为 0.000 973、0.000 652、0.000 786 和 0.000 609。相较于无防护柱，刚性防护、柔性防护和复合防护的柱等效应变峰值分别减少了 33.0%、19.2% 和 37.4%。

（5）等效应力。无防护柱、刚性防护柱、柔性防护柱和复合防护柱的等效应力云图如图 3.36 所示。对应不同的防护措施，柱的等效应力分布具有类似规律，即柱脚和柱中偏上靠近铰支一端的柱等效应力值较大，其峰值均出现在柱端约束附近。无防护柱、刚性防护柱、

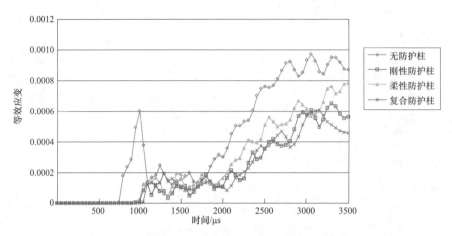

图 3.35　不同防护措施下一固一铰柱中心点等效应变时程曲线图

柔性防护柱和复合防护柱的应力峰值分别为 109.1MPa、95.08MPa、90.31MPa 和 89.42MPa。相较于无防护柱，刚性防护、柔性防护和复合防护的柱等效应力峰值分别减少了 12.9%、17.2%和 18.0%。因此，就等效应力峰值而言，刚性防护、柔性防护和复合防护对柱均有较好的防护效果，其中复合防护效果最明显。

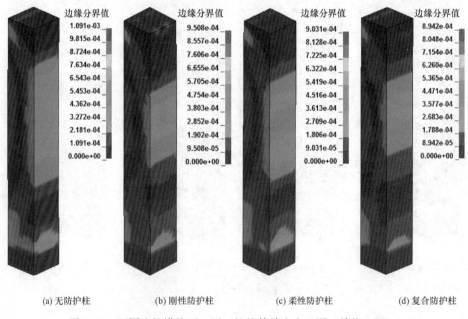

(a) 无防护柱　　　　(b) 刚性防护柱　　　　(c) 柔性防护柱　　　　(d) 复合防护柱

图 3.36　不同防护措施下一固一铰柱等效应力云图（单位：MPa）

柱中固定观测点的等效应力时程曲线如图 3.37 所示，其中无防护柱、刚性防护柱、柔性防护柱和复合防护柱对应的等效应力峰值分别为 43.39MPa、29.06MPa、35.04MPa 和 27.17MPa。相较于无防护柱，刚性防护、柔性防护和复合防护的柱等效应力峰值分别减少了 33.0%、19.2%和 37.4%。

（6）变形能。无防护柱、刚性防护柱、柔性防护柱和复合防护柱的变形能时程曲线图如

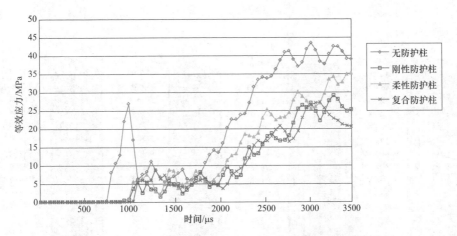

图 3.37　不同防护措施下一固一铰柱中心点等效应力时程曲线图

图 3.38 所示，其中无防护柱、刚性防护柱、柔性防护柱和复合防护柱的变形能峰值分别为 6.17×10^8 J、2.72×10^8 J、3.33×10^8 J 和 2.52×10^8 J。相较于无防护柱，刚性防护、柔性防护和复合防护的柱变形能峰值分别减少了 55.9%、46.0% 和 59.2%。因此，就变形能峰值而言，刚性防护、柔性防护和复合防护对柱均有较好的防护效果，其中复合防护效果最明显。

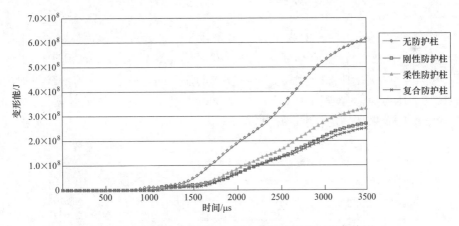

图 3.38　不同防护措施下一固一铰柱变形能时程曲线图

2. 复合防护柔性层不同分块措施下防护效果对比

仿照两端固支的钢筋混凝土柱分析，拟对柔性层进行分块处理，以期得到更好的防护效果。柔性层实际等分为 2 块或 4 块，缝宽均为 2cm。

(1) 压力。无防护柱、整块的复合防护柱、2 块的复合防护柱和 4 块的复合防护柱的压力云图如图 3.39 所示。对应不同的防护措施，柱的压力分布具有类似规律，即柱脚和柱中偏上靠近铰支一端的柱压力值较大，其峰值均出现在柱端约束附近。无防护柱、整块的复合防护柱、2 块的复合防护柱和 4 块的复合防护柱的压力峰值分别为 49.56MPa、32.59MPa、30.50MPa 和 26.75MPa。相较于无防护柱，整块的复合防护柱、2 块的复合防护柱和 4 块的复合防护柱的压力峰值分别减少了 34.2%、38.5% 和 46.0%。因此，就压力峰值而言，复合防护 4 块的效果最好，抗爆效果有一定程度的提升。即阵列式刚柔复合防护的效果优于一般的刚柔复合防护。

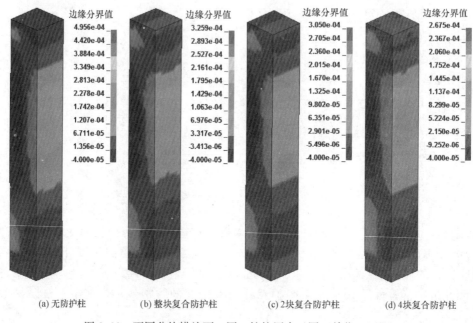

(a) 无防护柱　　　(b) 整块复合防护柱　　　(c) 2块复合防护柱　　　(d) 4块复合防护柱

图 3.39　不同分块措施下一固一铰柱压力云图（单位：MPa）

柱中固定观测点的压力时程曲线如图 3.40 所示，其中无防护柱、整块的复合防护柱、2块的复合防护柱和 4 块的复合防护柱对应的压力峰值分别为 14.79MPa、10.29MPa、10.27MPa 和 10.19MPa。相较于无防护柱，整块的复合防护柱、2 块的复合防护柱和 4 块的复合防护柱的压力峰值分别减少了 30.4%、30.6% 和 31.1%。因此，就压力峰值而言，阵列式复合防护的效果有一定程度的提升。

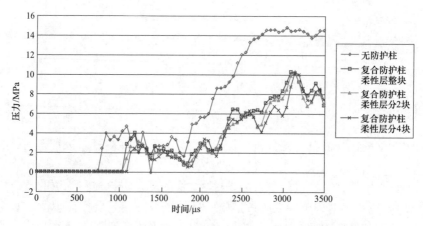

图 3.40　不同分块措施下一固一铰柱中心点压力时程曲线图

（2）x 方向位移。无防护柱、整块的复合防护柱、2 块的复合防护柱和 4 块的复合防护柱的 x 方向位移云图如图 3.41 所示。无防护柱、整块的复合防护柱、2 块的复合防护柱和 4

块的复合防护柱的 x 方向位移峰值分别为 4.797mm、2.991mm、2.690mm 和 2.415mm。相较于无防护柱，整块的复合防护柱、2 块的复合防护柱和 4 块的复合防护柱的柱位移峰值分别减少了 37.6%、43.9% 和 49.7%。因此，就位移峰值而言，将复合防护的柔性层进行分块能提高抗爆防护效果，且防护效果随着分块数的增加而提升。

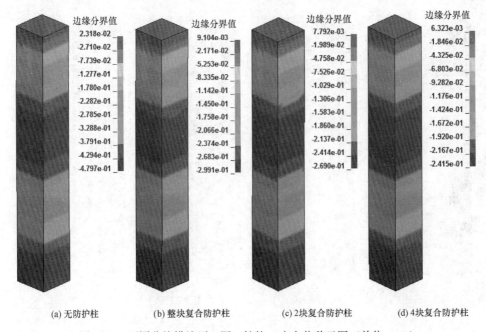

(a) 无防护柱　　　　(b) 整块复合防护柱　　　　(c) 2块复合防护柱　　　　(d) 4块复合防护柱

图 3.41　不同分块措施下一固一铰柱 x 方向位移云图（单位：cm）

柱中固定观测点的 x 方向位移时程曲线如图 3.42 所示，其中无防护柱、整块的复合防护柱、2 块的复合防护柱和 4 块的复合防护柱对应的 x 方向位移峰值分别为 4.30mm、2.65mm、2.41mm 和 2.19mm。相较于无防护柱，整块的复合防护柱、2 块的复合防护柱和 4 块的复合防护柱的柱位移峰值分别减少了 38.4%、44.0% 和 49.1%。

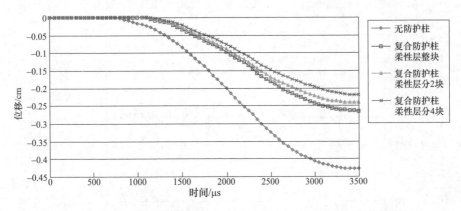

图 3.42　不同分块措施下一固一铰柱中心点 x 方向位移时程曲线图

（3） x 方向加速度。无防护柱、整块的复合防护柱、2 块的复合防护柱和 4 块的复合防护柱的 x 方向加速度云图如图 3.43 所示，其中无防护柱、整块的复合防护柱、2 块的复合防护柱和 4 块的复合防护柱的加速度峰值分别为 $6.243 \times 10^4 \mathrm{m/s^2}$、$5.116 \times 10^4 \mathrm{m/s^2}$、$3.997 \times 10^4 \mathrm{m/s^2}$ 和 $3.392 \times 10^4 \mathrm{m/s^2}$。相较于无防护柱，整块的复合防护柱、2 块的复合防护柱和 4 块的复合防护柱的加速度峰值分别减少了 18.1%、36.0% 和 45.7%。因此，就加速度峰值而言，复合防护效果随着分块数的增加而提升。

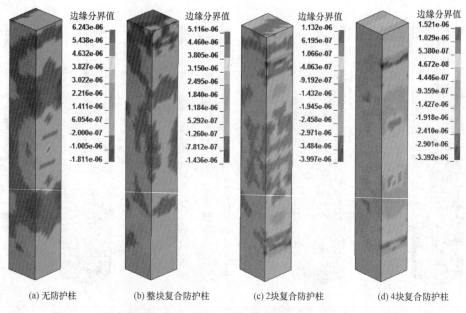

(a) 无防护柱　　(b) 整块复合防护柱　　(c) 2块复合防护柱　　(d) 4块复合防护柱

图 3.43　不同分块措施下一固一铰柱 x 方向加速度云图（单位：$\mathrm{cm/\mu s^2}$）

柱中固定观测点的 x 方向加速度时程曲线如图 3.44 所示，其中无防护柱、整块的复合防护柱、2 块的复合防护柱和 4 块的复合防护柱对应的 x 方向加速度峰值分别为 $6.17 \times 10^4 \mathrm{m/s^2}$、$1.91 \times 10^4 \mathrm{m/s^2}$、$1.01 \times 10^4 \mathrm{m/s^2}$ 和 $0.88 \times 10^4 \mathrm{m/s^2}$。相较于无防护柱，整块的复合防护柱、2 块的复合防护柱和 4 块的复合防护柱的加速度峰值分别减少了 69.0%、83.6% 和 85.7%。

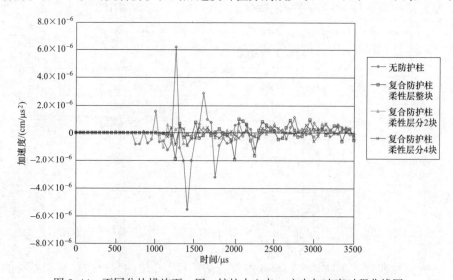

图 3.44　不同分块措施下一固一铰柱中心点 x 方向加速度时程曲线图

（4）等效应变。无防护柱、整块的复合防护柱、2 块的复合防护柱和 4 块的复合防护柱的等效应变云图如图 3.45 所示。对应不同的防护措施，柱的等效应变分布有类似规律，即柱脚和柱中偏上靠近铰支一端的柱等效应变值较大，其峰值均出现在柱端约束附近。无防护柱、整块的复合防护柱、2 块的复合防护柱和 4 块的复合防护柱的等效应变峰值分别为 0.003 863、0.002 006、0.001 834 和 0.001 527。相较于无防护柱，整块的复合防护柱、2 块的复合防护柱和 4 块的复合防护柱的等效应变峰值分别减少了 48.1%、52.5% 和 60.5%。因此，就等效应变峰值而言，将复合防护的柔性层进行分块确实能提高抗爆防护效果，且防护效果随着分块数的增加而提升。

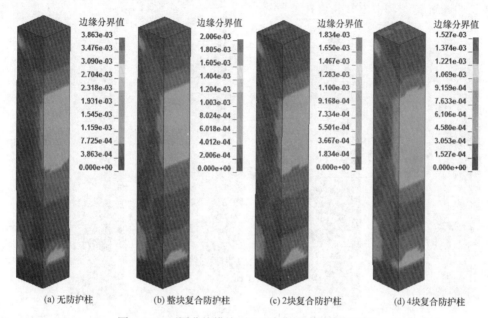

图 3.45　不同分块措施下一固一铰柱等效应变云图

柱中固定观测点的等效应变时程曲线如图 3.46 所示，其中无防护柱、整块的复合防护柱、2 块的复合防护柱和 4 块的复合防护柱对应的等效应变峰值分别为 0.000 973、

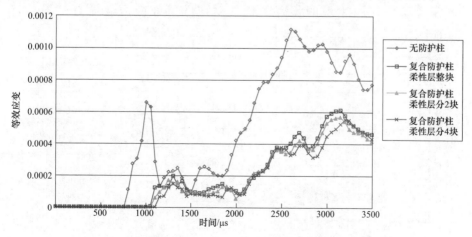

图 3.46　不同分块措施下一固一铰柱中心点等效应变时程曲线图

0.000 609、0.000 569 和 0.000 551。相较于无防护柱，整块的复合防护柱、2 块的复合防护柱和 4 块的复合防护柱的等效应变峰值分别减少了 37.4%、41.5% 和 43.4%。

（5）等效应力。无防护柱、整块的复合防护柱、2 块的复合防护柱和 4 块的复合防护柱的等效应力云图如图 3.47 所示。无防护柱、整块的复合防护柱、2 块的复合防护柱和 4 块的复合防护柱的等效应力峰值分别为 109.1MPa、89.42MPa、81.74MPa 和 77.42MPa。相较于无防护柱，整块的复合防护柱、2 块的复合防护柱和 4 块的复合防护柱的等效应力峰值分别减少了 18.0%、25.1% 和 29.0%。因此，就等效应力峰值而言，阵列式复合防护的效果更好，抗爆效果有一定程度的提升。

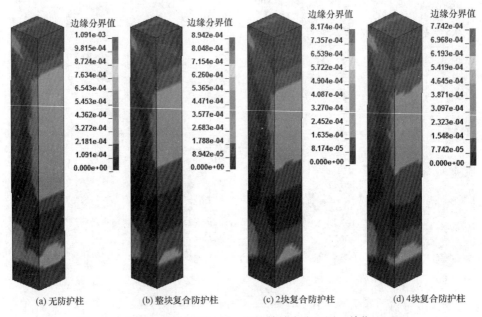

(a) 无防护柱   (b) 整块复合防护柱   (c) 2块复合防护柱   (d) 4块复合防护柱

图 3.47　不同分块措施下一固一铰柱等效应力云图（单位：MPa）

柱中固定观测点的等效应力时程曲线如图 3.48 所示，其中无防护柱、整块的复合防护柱、2 块的复合防护柱和 4 块的复合防护柱对应的等效应力峰值分别为 43.39MPa、

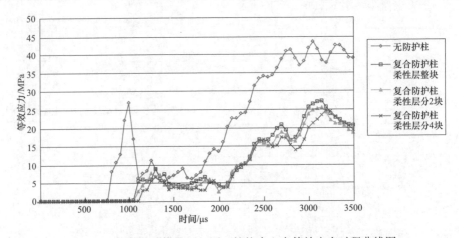

图 3.48　不同分块措施下一固一铰柱中心点等效应力时程曲线图

27.17MPa、25.35MPa 和 24.56MPa。相较于无防护柱,整块的复合防护柱、2 块的复合防护柱和 4 块的复合防护柱的等效应力峰值分别减少了 37.4%、41.6% 和 43.4%。

(6) 变形能。无防护柱、整块的复合防护柱、2 块的复合防护柱和 4 块的复合防护柱的变形能时程曲线图如图 3.49 所示,其中无防护柱、整块的复合防护柱、2 块的复合防护柱和 4 块的复合防护柱的变形能峰值分别为 6.17×10^8 J、2.52×10^8 J、2.10×10^8 J 和 1.72×10^8 J。相较于无防护柱,整块的复合防护柱、2 块的复合防护柱和 4 块的复合防护柱的变形能峰值分别减少了 59.2%、66.0% 和 72.1%。因此,就变形能峰值而言,随着阵列式复合防护的块数增加,能进一步提高防护性能。

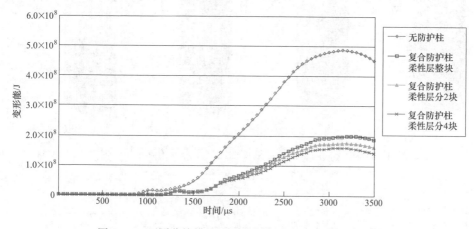

图 3.49　不同分块措施下一固一铰柱变形能时程曲线图

3.4　两端铰支柱

下面对不同防护措施下两端铰支钢筋混凝土柱的抗爆性能进行研究,具体的工况包括无防护、刚性防护、柔性防护和复合防护四种基本措施,以及在复合防护措施基础上进行优化的阵列式复合防护措施。设置铰支约束时,选取柱两端支座中心线上的节点,限制其 x、y、z 方向上的位移为 0,其余约束部位上的节点限制其 y 方向上的位移为 0,x、z 方向不受约束。由于两端铰支柱的变形较大,在计算总时间 3500μs 内无法得到各指标的最大值,因此本节的计算总时间改为 4500μs,计算过程中每 50μs 输出一次结果文件。

1. 不同防护措施的防护效果对比

(1) 压力。无防护柱、刚性防护柱、柔性防护柱和复合防护柱的压力云图如图 3.50 所示,即柱中和支座处的压力较大。无防护柱、刚性防护柱、柔性防护柱和复合防护柱的压力峰值分别为 57.71MPa、38.97MPa、43.09MPa 和 38.55MPa。相较于无防护柱,刚性防护、柔性防护和复合防护的柱压力峰值分别减少了 32.5%、25.3% 和 33.2%。

柱中固定观测点的压力时程曲线如图 3.51 所示,其中无防护柱、刚性防护柱、柔性防护柱和复合防护柱对应压力峰值分别为 17.79MPa、13.92MPa、15.68MPa 和 12.15MPa。相较于无防护柱,刚性防护、柔性防护和复合防护的柱压力峰值分别减少了 21.8%、11.9% 和 31.7%。

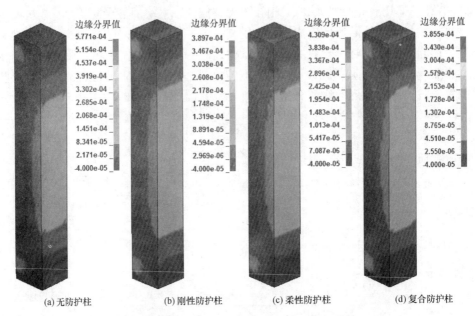

(a) 无防护柱　　(b) 刚性防护柱　　(c) 柔性防护柱　　(d) 复合防护柱

图 3.50　不同防护措施下两端铰支柱压力云图（单位：MPa）

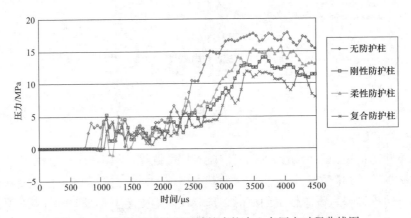

图 3.51　不同防护措施下两端铰支柱中心点压力时程曲线图

（2）x 方向位移。无防护柱、刚性防护柱、柔性防护柱和复合防护柱的 x 方向位移云图如图 3.52 所示。无防护柱、刚性防护柱、柔性防护柱和复合防护柱的位移峰值分别为 6.587mm、4.158mm、4.668mm 和 3.878mm。相较于无防护柱，刚性防护、柔性防护和复合防护的柱位移峰值分别减少了 36.9%、29.1% 和 41.1%。因此，就位移峰值而言，刚性防护、柔性防护和复合防护对柱均有较好的防护效果，其中复合防护效果最明显。

柱中固定观测点的 x 方向位移时程曲线如图 3.53 所示，其中无防护柱、刚性防护柱、柔性防护柱和复合防护柱对应的 x 方向位移峰值分别为 6.46mm、4.08mm、4.58mm 和 3.80mm。相较于无防护柱，刚性防护、柔性防护和复合防护的柱位移峰值分别减少了 36.8%、29.1% 和 41.2%。

（3）x 方向加速度。无防护柱、刚性防护柱、柔性防护柱和复合防护柱的加速度云图如

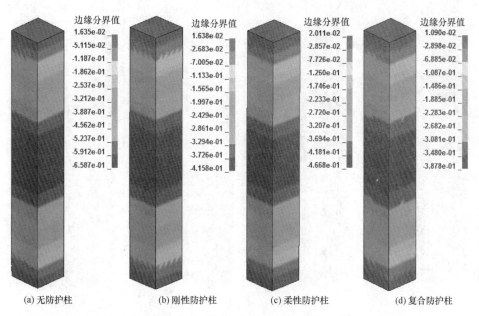

图 3.52　不同防护措施下两端铰支柱 x 方向位移云图（单位：cm）

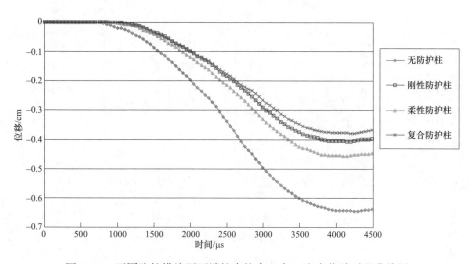

图 3.53　不同防护措施下两端铰支柱中心点 x 方向位移时程曲线图

图 3.54 所示。对应不同的防护措施，柱的加速度变化较大。无防护柱、刚性防护柱、柔性防护柱和复合防护柱的加速度峰值分别为 $5.599 \times 10^4\,\mathrm{m/s^2}$、$8.831 \times 10^4\,\mathrm{m/s^2}$、$4.889 \times 10^4\,\mathrm{m/s^2}$ 和 $4.582 \times 10^4\,\mathrm{m/s^2}$。相较于无防护柱，刚性防护的柱加速度峰值增加了 57.7%，而柔性防护和复合防护的柱加速度峰值分别减少了 12.7% 和 18.2%。

柱中固定观测点的 x 方向加速度时程曲线如图 3.55 所示，其中无防护柱、刚性防护柱、柔性防护柱和复合防护柱对应的 x 方向加速度峰值分别为 $5.60 \times 10^4\,\mathrm{m/s^2}$、$3.62 \times 10^4\,\mathrm{m/s^2}$、$2.59 \times 10^4\,\mathrm{m/s^2}$ 和 $2.14 \times 10^4\,\mathrm{m/s^2}$。相较于无防护柱，刚性防护、柔性防护和复合防护的柱加速度峰值分别减少了 35.4%、53.8% 和 61.8%。

（4）等效应变。无防护柱、刚性防护柱、柔性防护柱和复合防护柱的等效应变云图如图

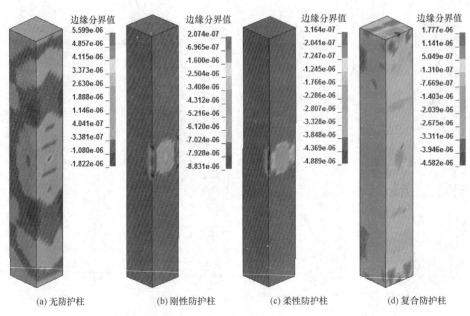

| (a) 无防护柱 | (b) 刚性防护柱 | (c) 柔性防护柱 | (d) 复合防护柱 |

图 3.54　不同防护措施下两端铰支柱 x 方向加速度云图（单位：cm/μs²）

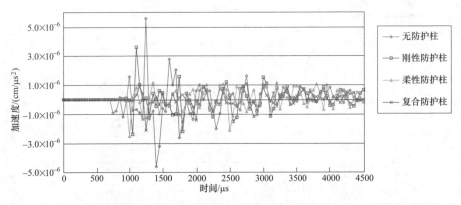

图 3.55　不同防护措施下两端铰支柱中心点 x
方向加速度时程曲线图

3.56 所示。无防护柱、刚性防护柱、柔性防护柱和复合防护柱的等效应变峰值分别为 0.004 773、0.002 617、0.003 054 和 0.002 562。相较于无防护柱，刚性防护、柔性防护和复合防护的柱等效应变峰值分别减少了 45.2%、36.0% 和 46.3%。因此，就等效应变峰值而言，刚性防护、柔性防护和复合防护对柱均有较好的防护效果，其中复合防护效果最明显。

柱中固定观测点的等效应变时程曲线如图 3.57 所示，其中无防护柱、刚性防护柱、柔性防护柱和复合防护柱对应的等效应变峰值分别为 0.001 136、0.000 836、0.000 897 和 0.000 759。相较于无防护柱，刚性防护、柔性防护和复合防护的柱等效应变峰值分别减少了 26.4%、21.0% 和 33.2%。

（5）等效应力。无防护柱、刚性防护柱、柔性防护柱和复合防护柱的等效应力云图如图

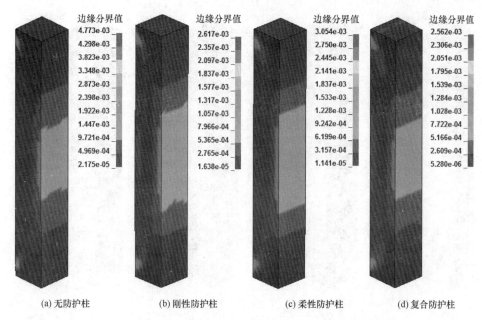

图 3.56　不同防护措施下两端铰支柱等效应变云图

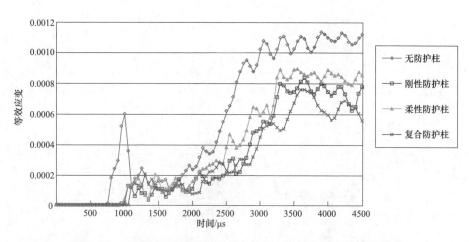

图 3.57　不同防护措施下两端铰支柱中心点等效应变时程曲线图

3.58 所示。对应不同的防护措施，柱的等效应力分布具有类似规律，即柱脚和柱中的等效应力值较大，其峰值均出现在柱端约束附近。无防护柱、刚性防护柱、柔性防护柱和复合防护柱的应力峰值分别为 115.8MPa、100.8MPa、104.5MPa 和 93.38MPa。相较于无防护柱，刚性防护、柔性防护和复合防护的柱等效应力峰值分别减少了 13.0%、9.8% 和 19.4%。因此，就等效应力峰值而言，复合防护的抗爆防护效果最明显。

　　柱中固定观测点的等效应力时程曲线如图 3.59 所示，其中无防护柱、刚性防护柱、柔性防护柱和复合防护柱对应的等效应力峰值分别为 50.89MPa、37.25MPa、39.97MPa 和 33.84MPa。相较于无防护柱，刚性防护、柔性防护和复合防护的柱等效应力峰值分别减少了 26.8%、21.5% 和 33.5%。

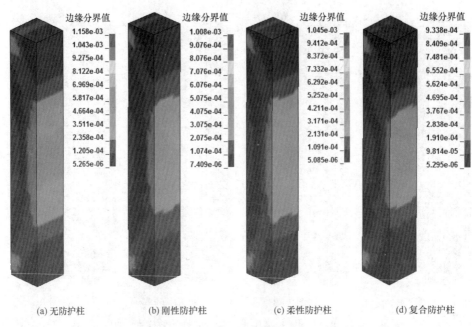

| (a) 无防护柱 | (b) 刚性防护柱 | (c) 柔性防护柱 | (d) 复合防护柱 |

图 3.58　不同防护措施下两端铰支柱等效应力云图（单位：MPa）

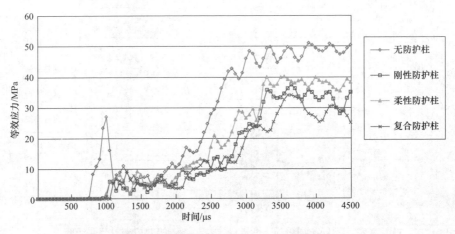

图 3.59　不同防护措施下两端铰支柱中心点等效应力时程曲线图

（6）变形能。无防护柱、刚性防护柱、柔性防护柱和复合防护柱的变形能时程曲线图如图 3.60 所示，其中无防护柱、刚性防护柱、柔性防护柱和复合防护柱的变形能峰值分别为 7.65×10^8 J、3.18×10^8 J、3.97×10^8 J 和 2.80×10^8 J。相较于无防护柱，刚性防护、柔性防护和复合防护的柱变形能峰值分别减少了 58.4%、48.1% 和 63.4%。因此，就变形能峰值而言，刚性防护、柔性防护和复合防护对柱均有较好的防护效果，其中复合防护效果最明显。

2. 复合防护柔性层不同分块措施下防护效果对比

在复合防护措施的基础上，可将柔性层进一步进行分块处理，以期得到更好的防护效果。具体做法是，将复合防护措施中的柔性层等分为 2 块或 4 块，缝宽均为 2cm。

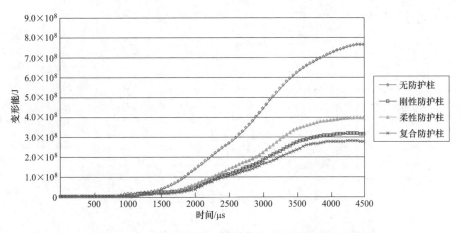

图 3.60 不同防护措施下两端铰支柱变形能时程曲线图

（1）压力。无防护柱、整块的复合防护柱、2 块的复合防护柱和 4 块的复合防护柱的压力云图如图 3.61 所示。对应不同的防护措施，柱的压力分布具有类似规律，即柱脚和柱中的柱压力值较大，其峰值均出现在柱端约束附近。无防护柱、整块的复合防护柱、2 块的复合防护柱和 4 块的复合防护柱的压力峰值分别为 57.71MPa、38.55MPa、35.74MPa 和 34.78MPa。相较于无防护柱，整块的复合防护柱、2 块的复合防护柱和 4 块的复合防护柱的压力峰值分别减少了 33.2%、38.1% 和 39.7%。因此，就压力峰值而言，复合防护 4 块的效果最好，与整块的复合防护对比，抗爆效果有一定提升。

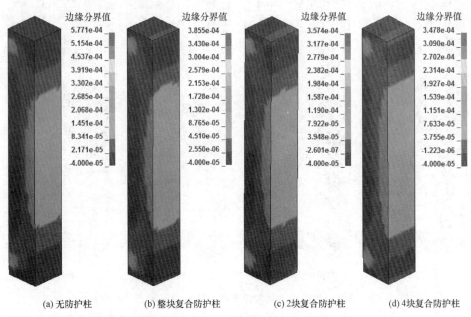

图 3.61 不同分块措施下两端铰支柱压力云图（单位：MPa）

柱中固定观测点的压力时程曲线如图 3.62 所示，其中无防护柱、整块的复合防护柱、2 块的复合防护柱和 4 块的复合防护柱对应的压力峰值分别为 17.79MPa、12.15MPa、11.56MPa 和 11.16MPa。相较于无防护柱，整块的复合防护柱、2 块的复合防护柱和 4 块的复合防护柱的压力峰值分别减少了 31.7％、35.0％和 37.3％。

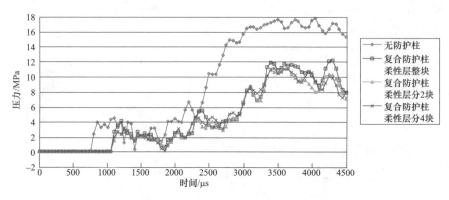

图 3.62　不同分块措施下两端铰支柱中心点压力时程曲线图

（2）x 方向位移。无防护柱、整块的复合防护柱、2 块的复合防护柱和 4 块的复合防护柱的 x 方向位移云图如图 3.63 所示。无防护柱、整块的复合防护柱、2 块的复合防护柱和 4 块的复合防护柱的 x 方向位移峰值分别为 6.587mm、3.878mm、3.529mm 和 3.464mm。相较于无防护柱，整块的复合防护柱、2 块的复合防护柱和 4 块的复合防护柱的柱位移峰值分别减少了 41.1％、46.4％和 47.4％。因此，就位移峰值而言，将复合防护的柔性层进行分块确实能提高抗爆防护效果，且防护效果随着分块数的增加而提升。

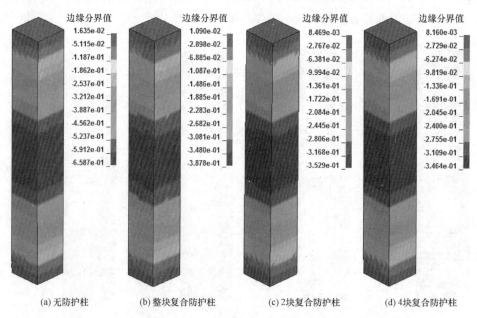

(a) 无防护柱　　　(b) 整块复合防护柱　　　(c) 2块复合防护柱　　　(d) 4块复合防护柱

图 3.63　不同分块措施下两端铰支柱 x 方向位移云图（单位：cm）

柱中固定观测点的 x 方向位移时程曲线如图 3.64 所示，其中无防护柱、整块的复合防护柱、2 块的复合防护柱和 4 块的复合防护柱对应的 x 方向位移峰值分别为 6.46mm、3.80mm、3.46mm 和 3.41mm。相较于无防护柱，整块的复合防护柱、2 块的复合防护柱和 4 块的复合防护柱的柱位移峰值分别减少了 41.2％、46.4％和 47.2％。

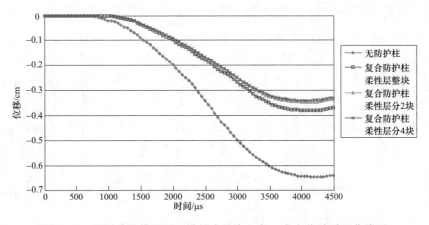

图 3.64　不同分块措施下两端铰支柱中心点 x 方向位移时程曲线图

（3）x 方向加速度。无防护柱、整块的复合防护柱、2 块的复合防护柱和 4 块的复合防护柱的 x 方向加速度云图如图 3.65 所示，其中无防护柱、整块的复合防护柱、2 块的复合防护柱和 4 块的复合防护柱的加速度峰值分别为 $5.599 \times 10^4 \, \text{m/s}^2$、$4.582 \times 10^4 \, \text{m/s}^2$、$4.319 \times 10^4 \, \text{m/s}^2$ 和 $4.058 \times 10^4 \, \text{m/s}^2$。相较于无防护柱，整块的复合防护柱、2 块的复合防护柱和 4 块的复合防护柱的加速度峰值分别减少了 18.2%、22.9% 和 27.5%。因此，就加速度峰值而言，将复合防护柱的柔性层进行分块确实能提高防护效果，且防护效果随着分块数的增加而提升。

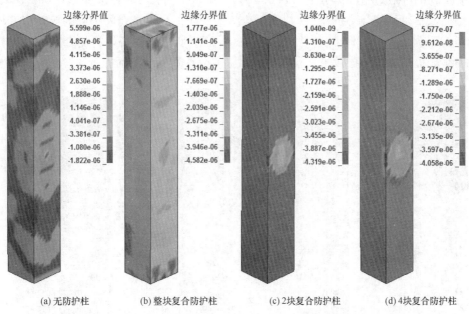

图 3.65　不同分块措施下两端铰支柱 x 方向加速度云图（单位：$\text{cm/}\mu\text{s}^2$）

柱中固定观测点的 x 方向加速度时程曲线如图 3.66 所示，其中无防护柱、整块的复合防护柱、2 块的复合防护柱和 4 块的复合防护柱对应的 x 方向加速度峰值分别为 $5.60 \times 10^4 \, \text{m/s}^2$、$2.14 \times 10^4 \, \text{m/s}^2$、$1.06 \times 10^4 \, \text{m/s}^2$ 和 $0.83 \times 10^4 \, \text{m/s}^2$。相较于无防护柱，整块的复

合防护柱、2 块的复合防护柱和 4 块的复合防护柱的加速度峰值分别减少了 61.8%、81.1% 和 85.2%。

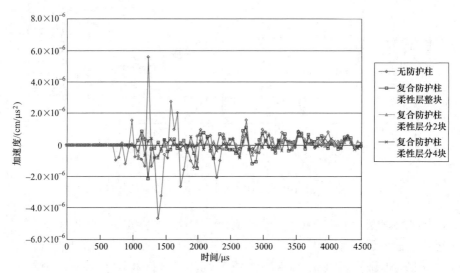

图 3.66　不同分块措施下两端铰支柱中心点 x 方向加速度时程曲线图

（4）等效应变。无防护柱、整块的复合防护柱、2 块的复合防护柱和 4 块的复合防护柱的等效应变云图如图 3.67 所示。无防护柱、整块的复合防护柱、2 块的复合防护柱和 4 块的复合防护柱的等效应变峰值分别为 0.004 773、0.002 562、0.002 275 和 0.002 166。相较于无防护柱，整块的复合防护柱、2 块的复合防护柱和 4 块的复合防护柱的等效应变峰值分别减少了 46.3%、52.3% 和 54.6%。因此，就等效应变峰值而言，将复合防护的柔性层进行分块确实能提高抗爆防护效果，且防护效果随着分块数的增加而提升。

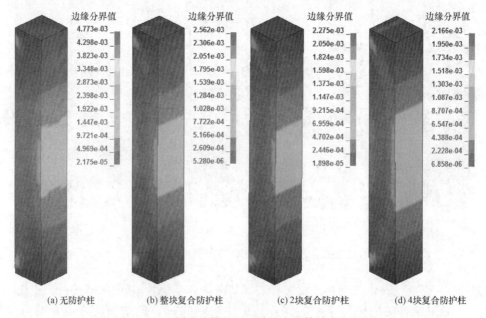

(a) 无防护柱　　　(b) 整块复合防护柱　　　(c) 2块复合防护柱　　　(d) 4块复合防护柱

图 3.67　不同分块措施下两端铰支柱等效应变云图

柱中固定观测点的等效应变时程曲线如图 3.68 所示，其中无防护柱、整块的复合防护柱、2 块的复合防护柱和 4 块的复合防护柱对应的等效应变峰值分别为 0.001 136、0.000 759、0.000 693 和 0.000 665。相较于无防护柱，整块的复合防护柱、2 块的复合防护柱和 4 块的复合防护柱的等效应变峰值分别减少了 33.2%、39.0% 和 41.5%。

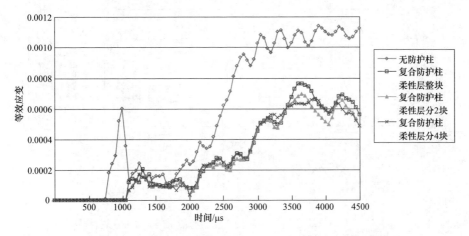

图 3.68　不同分块措施下两端铰支柱中心点等效应变时程曲线图

（5）等效应力。无防护柱、整块的复合防护柱、2 块的复合防护柱和 4 块的复合防护柱的等效应力云图如图 3.69 所示。对应不同的防护措施，柱的等效应力分布有类似规律，即柱脚和柱中的等效应力值较大，其峰值均出现在柱端约束附近。无防护柱、整块的复合防护柱、2 块的复合防护柱和 4 块的复合防护柱的等效应力峰值分别为 115.8MPa、93.38MPa、90.01MPa 和 84.80MPa。相较于无防护柱，整块的复合防护柱、2 块的复合防护柱和 4 块的复合防护柱的等效应力峰值分别减少了 19.4%、22.3% 和 26.8%。因此，就等效应力峰值而言，复合防护 4 块的效果最好，与整块的复合防护对比，抗爆效果有一定程度的提升。

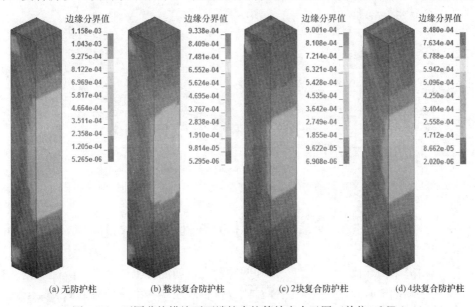

图 3.69　不同分块措施下两端铰支柱等效应力云图（单位：MPa）

柱中固定观测点的等效应力时程曲线如图 3.70 所示，其中无防护柱、整块的复合防护柱、2 块的复合防护柱和 4 块的复合防护柱对应的等效应力峰值分别为 50.89MPa、33.84MPa、30.88MPa 和 29.64MPa。相较于无防护柱，整块的复合防护柱、2 块的复合防护柱和 4 块的复合防护柱的等效应力峰值分别减少了 33.5%、39.3%和 41.8%。

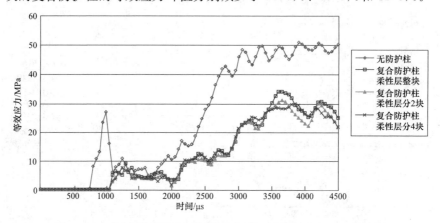

图 3.70　不同分块措施下两端铰支柱中心点等效应力时程曲线图

（6）变形能。无防护柱、整块的复合防护柱、2 块的复合防护柱和 4 块的复合防护柱的变形能时程曲线图如图 3.71 所示，其中无防护柱、整块的复合防护柱、2 块的复合防护柱和 4 块的复合防护柱的变形能峰值分别为 7.65×10^8 J、2.80×10^8 J、2.36×10^8 J 和 2.30×10^8 J。相较于无防护柱，整块的复合防护柱、2 块的复合防护柱和 4 块的复合防护柱的变形能峰值分别减少了 63.4%、69.2%和 69.9%。因此，就变形能峰值而言，复合防护 4 块的效果最好，与整块的复合防护对比，抗爆效果有一定程度的提升。

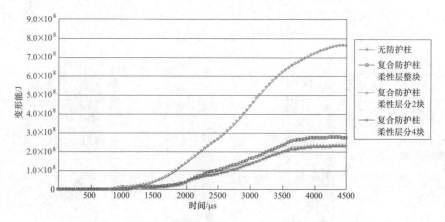

图 3.71　不同分块措施下两端铰支柱变形能时程曲线图

3.5　不同柱端约束条件下的对比

上述分别研究了两端固支、一固一铰和两端铰支钢筋混凝土柱在不同防护措施下的抗爆性能，下面将根据柱中心点的一系列指标对比分析不同柱端约束条件对钢筋混凝土柱抗爆性能的影响，具体数据指标参见表 3.4。

表 3.4　　　　　　　　不同防护措施和柱端约束条件下柱的动力响应对比

指标	防护措施	两端固支	一固一铰 （与两端固支差值）	两端铰支 （与两端固支差值）
压力 /MPa	无防护	14.44	14.79 (2.4%)	17.79 (23.2%)
	刚性防护	11.15	11.09 (−0.5%)	13.92 (24.8%)
	柔性防护	12.68	14.08 (11.0%)	15.68 (23.7%)
	整块的复合防护	10.46	10.29 (−1.6%)	12.15 (16.2%)
	柔性层分2块的复合防护	10.48	10.27 (−2.0%)	11.56 (10.3%)
	柔性层分4块的复合防护	9.03	10.19 (12.8%)	11.16 (23.6%)
x 方向 位移 /mm	无防护	3.62	4.30 (18.8%)	6.46 (78.5%)
	刚性防护	2.28	2.81 (23.2%)	4.08 (78.9%)
	柔性防护	2.45	3.13 (27.8%)	4.58 (86.9%)
	整块的复合防护	2.02	2.65 (31.2%)	3.80 (88.1%)
	柔性层分2块的复合防护	1.88	2.41 (28.2%)	3.46 (84.0%)
	柔性层分4块的复合防护	1.76	2.19 (24.4%)	3.41 (93.8%)
x 方向 加速度 $/(\times 10^{-6}$ $cm/\mu s^2)$	无防护	6.31	6.24 (−1.1%)	5.6 (−11.3%)
	刚性防护	5.67	4.93 (−13.1%)	3.62 (−36.2%)
	柔性防护	3.50	2.89 (−17.4%)	2.59 (−26.0%)
	整块的复合防护	2.20	1.91 (−13.2%)	2.14 (−2.7%)
	柔性层分2块的复合防护	1.16	1.01 (−12.9%)	1.06 (−8.6%)
	柔性层分4块的复合防护	0.82	0.88 (7.3%)	0.83 (1.2%)
等效 应变	无防护	0.001 117	0.000 973 (−12.9%)	0.001 136 (1.7%)
	刚性防护	0.000 633	0.000 652 (3.0%)	0.000 836 (32.1%)
	柔性防护	0.000 705	0.000 786 (11.5%)	0.000 897 (27.2%)
	整块的复合防护	0.000 554	0.000 609 (9.9%)	0.000 759 (37.0%)
	柔性层分2块的复合防护	0.000 571	0.000 569 (−0.4%)	0.000 693 (21.4%)
	柔性层分4块的复合防护	0.000 544	0.000 551 (1.3%)	0.000 665 (22.2%)
等效 应力 /MPa	无防护	39.75	43.39 (9.2%)	50.89 (28.0%)
	刚性防护	28.22	29.06 (3.0%)	37.25 (32.0%)
	柔性防护	33.55	35.04 (4.4%)	39.97 (19.1%)
	整块的复合防护	24.7	27.17 (10.0%)	33.84 (37.0%)
	柔性层分2块的复合防护	25.45	25.35 (−0.4%)	30.88 (21.3%)
	柔性层分4块的复合防护	24.27	24.56 (1.2%)	29.64 (22.1%)
变形能 $/10^8$ J	无防护	4.9	6.17 (25.9%)	7.65 (56.1%)
	刚性防护	2.47	2.72 (10.1%)	3.18 (28.7%)
	柔性防护	2.94	3.33 (13.3%)	3.97 (35.0%)
	整块的复合防护	2.01	2.52 (25.4%)	2.8 (39.3%)
	柔性层分2块的复合防护	1.76	2.1 (19.3%)	2.36 (34.1%)
	柔性层分4块的复合防护	1.59	1.72 (8.2%)	2.3 (44.7%)

表 3.4 中分别列出了不同防护措施和不同柱端约束条件下钢筋混凝土柱的各项动力指标峰值。括号内数值是以两端固支柱的数据为基准所得的其他两类柱端约束柱与其相对差值，正值代表增加，负值代表减少，以百分数的形式表示。

通过表 3.4 中可以看出钢筋混凝土柱的压力、x 方向位移、x 方向加速度、等效应变、等效应力以及应变能等六个动力指标的峰值受柱端约束情况的影响较大，且整体来看，具有明显的递增或者递减规律。在相同的防护措施和爆炸载荷作用下，钢筋混凝土柱的压力、x 方向位移、等效应变、等效应力以及应变能等五个动力指标的峰值从小到大依次为两端固支柱、一固一铰柱和两端铰支柱。在六种不同的防护措施下，即无防护、刚性防护、柔性防护、整块的复合防护、柔性层分 2 块的复合防护以及柔性层分 4 块的复合防护，两端固支柱的 x 方向位移峰值分别为 3.62mm、2.28mm、2.45mm、2.02mm、1.88mm 和 1.76mm，而一固一铰柱对应的数值分别为 4.30mm、2.81mm、3.13mm、2.65mm、2.41mm 和 2.19mm，相对于两端固支柱，其 x 方向位移峰值增加了 18.8%～31.2%；两端铰支柱对应的数值分别为 6.46mm、4.08mm、4.58mm、3.80mm、3.46mm 和 3.41mm，相对于两端固支柱，其 x 方向位移峰值增加了 78.5%～93.8%。在相同的防护措施和爆炸载荷作用下，钢筋混凝土柱的 x 方向加速度的峰值从小到大依次为两端铰支柱、一固一铰柱和两端固支柱。两端固支柱的 x 方向加速度峰值分别为 $6.31\times10^4\text{m/s}^2$、$5.67\times10^4\text{m/s}^2$、$3.50\times10^4\text{m/s}^2$、$2.20\times10^4\text{m/s}^2$、$1.16\times10^4\text{m/s}^2$ 和 $0.82\times10^4\text{m/s}^2$、而一固一铰柱对应的数值分别为 $6.24\times10^4\text{m/s}^2$、$4.93\times10^4\text{m/s}^2$、$2.89\times10^4\text{m/s}^2$、$1.91\times10^4\text{m/s}^2$、$1.01\times10^4\text{m/s}^2$、$0.88\times10^4\text{m/s}^2$ 和 $2.19\times10^4\text{m/s}^2$，相对于两端固支柱，其 x 方向加速度峰值减少了 -7.3%～17.4%；两端铰支柱对应的数值分别为 $5.60\times10^4\text{m/s}^2$、$3.62\times10^4\text{m/s}^2$、$2.59\times10^4\text{m/s}^2$、$2.14\times10^4\text{m/s}^2$、$1.06\times10^4\text{m/s}^2$、$0.83\times10^4\text{m/s}^2$、相对于两端固支柱，其 x 方向加速度峰值减少了 -1.2%～36.2%。

3.6　结果分析

通过有限元数值模拟，数值模拟中研究了在相同的爆炸载荷作用下，不同柱端约束条件和不同防护措施对钢筋混凝土柱动态响应的影响。柱端约束条件包括两端固支、两端铰支以及一固一铰等三种形式；防护措施包括无防护、刚性防护、柔性防护、整块的复合防护、柔性层分 2 块的复合防护以及柔性层分 4 块的复合防护等六种形式。通过以上分析，得出如下结论：

1）对钢筋混凝土柱而言，在相同的爆炸载荷作用下，不同的防护措施具有不同的抗爆防护效果。综合钢筋混凝土柱的压力、x 方向位移、x 方向加速度、等效应变、等效应力以及应变能等六个动力指标的峰值来看，复合防护的抗爆效果最好，且将其柔性层分块后即采取阵列式复合防护能进一步提高其抗爆性能。

2）在相同的防护措施和爆炸载荷作用下，柱端约束对钢筋混凝土柱动力响应峰值的影响较大。

4 复合防护钢柱的抗爆性能研究

与第 3 章对比，本章针对钢柱在爆炸载荷的作用下的动力响应进行了数值模拟，研究不同防护措施的防护效果，并分析不同约束形式可能产生的影响。在数值分析过程中，分为裸柱和防护柱两种情况，分析裸柱主要用于与防护柱的模拟结果进行对比。

4.1 方钢裸柱动力响应分析

首先，通过有限元软件 ANSYS/LS-DYNA 分析不同约束条件下的方钢裸柱在爆炸作用下的动力响应。约束条件分为两端固支、底端固支顶端铰接和两端铰接三种情况，重点在于通过对方钢柱的压力、位移、有效应力以及应变的时程反应分析，找出方钢柱抗爆的薄弱部位，为钢柱的抗爆设计提供依据。

4.1.1 有限元模型

1. 计算模型

选用实际工程中常见的方钢管柱尺寸建立数值分析模型，其中柱高 L 为 3m，截面几何尺寸为 $30cm \times 30cm \times 1cm$；约束形式分为两端固支、底端固支顶端铰接和两端铰接三种情况，计算模型简图及截面如图 4.1 所示。炸药选用尺寸为 $20cm \times 20cm \times 20cm$，相当于 13.12kg 的 TNT 高能炸药；炸药中心距离钢柱迎爆面 2m，距地面 1.2m，属于近地爆炸；空气团的尺寸取为长×宽×高为 $350cm \times 130cm \times 300cm$，钢柱和炸药均被空气包围，计算模型简图及截面如图 4.2 所示。

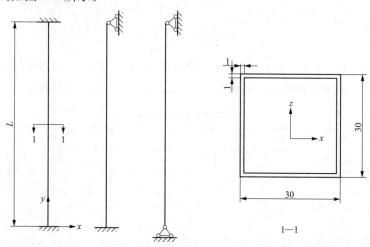

图 4.1 方钢柱计算模型简图及截面（单位：cm）

2. 单元类型

为能得到不同约束条件下的方钢柱局部的反应，钢柱、空气、炸药和防护层均采用 SOLID164 实体单元进行模拟，如图 4.3 所示。实体单元 SOLID164 具有 8 个节点，每个节点具有 9 个自由度，即 x、y、z 三方向的位移 $U(x、y、z)$、速度 $V(x、y、z)$ 和加速度 $A(x、y、z)$。该单元没有实常数，支持大部分 ANSYS/LS-DYNA 中的材料算法。

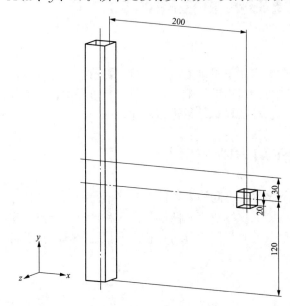

图 4.2　方钢柱与炸药计算模型（单位：cm）

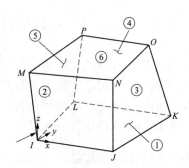

图 4.3　三维实体单元 SOLID164

3. 材料模型

（1）空气。选用 ANSYS/LS-DYNA 中的 MAT＿NULL 材料模型来模拟，其性能采用线性多项式状态方程（EOS＿LINEAR＿POLYNOMIAL）来描述，见式（4.1），其中 $\mu = \rho/\rho_0 - 1$。假设空气为理想气体，则该状态方程中参数 $C_1 = C_2 = C_3 = C_6 = 0$，$C_4 = C_5 = \gamma - 1$。爆炸后气体的压力 P 可表示为式（4.2）：

$$P = C_0 + C_1 \mu + C_2 \mu^2 + C_3 \mu^3 + (C_4 + C_5 \mu + C_6 \mu^2) E \tag{4.1}$$

$$P = (\gamma - 1) \frac{\rho}{\rho_0} E \tag{4.2}$$

式中：γ 为比热系数，理想气体取值 1.4；ρ 为爆炸后空气的密度，ρ_0 为爆炸前空气的密度，$\rho_0 = 1.29 \mathrm{kg/m^3}$；$E$ 为材料内能，初始值 $E_0 = 2.5 \times 10^5 \mathrm{J/m^3}$，基本参数见表 4.1。

表 4.1　空气模型基本参数表　g-cm-μs

* MAT＿NULL	RO	PC/MPa	MU					
	0.001 29	0	0					
EOS＿LINEAR＿POLYNOMIAL	C_0	C_1	C_2	C_3	C_4	C_5	C_6	E	V
	0.000 001	0	0	0	0.4	0.4	0	2.5×10^{-6}	1.00

注　参数表中 RO 为材料密度，PC 为压力，MU 为动力黏性系数。表格中采用 g-cm-μs 单位而非国际单位制 kg-m-s，与数值模拟软件的输入要求有关。

60

（2）炸药。炸药采用材料模型 MAT_EXPLOSIVE_BURN 和 EOS_JWL 状态方程来描述，其爆炸过程中的压力 P' 可表示为：

$$P' = A\left(1 - \frac{\omega}{R_1 V}\right)e^{-R_1 V} + B\left(1 - \frac{\omega}{R_2 V}\right)e^{-R_2 V} + \frac{\omega E'}{V} \qquad (4.3)$$

式中：E' 为炸药的内能，TNT 炸药初始密度 RO 为 $1.64\mathrm{g/cm3}$，起爆速度 D 为 $0.693\mathrm{cm/\mu s}$，因此，初始爆压 PCJ 为 $2.7\times10^{10}\,\mathrm{Pa}$；$V$ 为当前相对体积，即为压力 P' 时的体积与初始的体积之比；其他参数均为 JWL 状态方程参数，见表 4.2。

表 4.2　　　　　　　　　　炸药模型基本参数表　　　　　　　　　　g-cm-μs

*MAT_EXPLOSIVE_BURN	RO	D	PCJ	BETA			
	1.64	0.693	0.270	0			
*EOS_JWL	A	B	R_1	R_2	ω	E'	V
	3.712	0.0321	4.15	0.95	0.30	0.07	1.00

注　参数表中 RO 为材料密度，BETA 为燃烧标识。表格中采用 g-cm-μs 单位而非国际单位制 kg-m-s，与数值模拟软件的输入要求有关。

（3）方钢柱。考虑到钢材在爆炸冲击下的高应变速率会对材料的硬化行为产生较大影响，故钢柱采用双线性随动材料模型 MAT_PLASTIC_KINEMATIC。该模型可考虑应变率对材料强度的影响，同时也可考虑失效应变的影响，并通过硬化参数来调整各向同性硬化和随动硬化的贡献。该模型参数取值见表 4.3。

表 4.3　　　　　　　　　　钢材模型基本参数表　　　　　　　　　　g-cm-μs

RO	E	PR	SIGY	BETA	C	P	ETAN	FS	VP
7.85	2.0	0.3	0.003 45	0	40.4	5	0.0118	0.3	0

注　RO 为密度，E 为初始弹性模量，PR 为泊松比，SIGY 为钢材屈服强度，BETA 为硬化参数，C、P 为应变率影响参数，ETAN 为切线模量，FS 为考虑侵蚀元素的失效应变，VP 为黏塑性应变率公式。表格中采用 g-cm-μs 单位而非国际单位制 kg-m-s，与数值模拟软件的输入要求有关。

4. 网格划分

计算模拟中空气冲击波的峰值受空气和炸药有限元网格尺寸的影响。由于钢柱、炸药及空气团的模型较为工整，故单元划分比例可取炸药体边长的 1/70，采用映射网格划分模型，所有模型网格划分尺寸均为 5cm，其中炸药和空气采用欧拉网格建模，得到炸药单元数 64 个，空气单元数 109 136 个；钢柱采用拉格朗日网格建模，钢柱单元数为 1680 个，整体计算分析模型如图 4.4 所示。

分析过程中空气和实体结构之间通过流固耦合方式来处理相互作用，而实体结构之间的接触采用面对面的接触模式。

5. 输出结果

模拟分析均采用 g-cm-μs 单位制，截取了 $2\times10^4\mu s$ 的计算时间内的相关数据，计算结果为每 $50\mu s$ 输出一次。数据结果分析时，分别提取方钢柱沿高度 y 方向的三组测点，分别位于迎爆面或者背爆面的中间和端部对应位置，共计 24 个固定数据观测点，如图 4.5 所示。

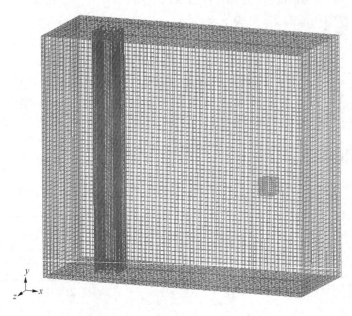

图 4.4　方钢柱计算分析模型

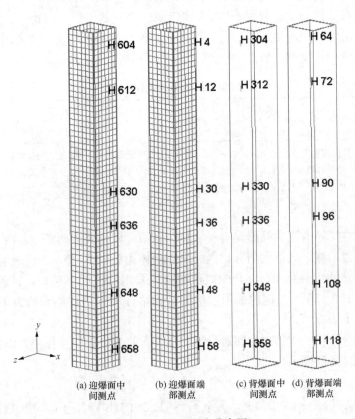

(a) 迎爆面中间测点　(b) 迎爆面端部测点　(c) 背爆面中间测点　(d) 背爆面端部测点

图 4.5　固定观测点分布图

4.1.2 压力分布及时程分析

（1）两端固支裸钢柱压力分布及时程分析。两端固定约束下裸露方钢柱各测点在无防护情况下的爆炸冲击波压力云图如图 4.6～图 4.9 所示。

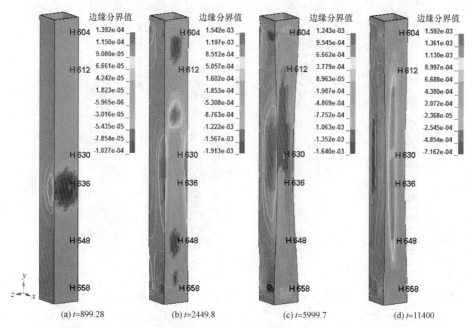

图 4.6　两端固支方钢柱迎爆面中间测点压力响应云图（单位：时间为 μs，压力为 10^5 MPa）

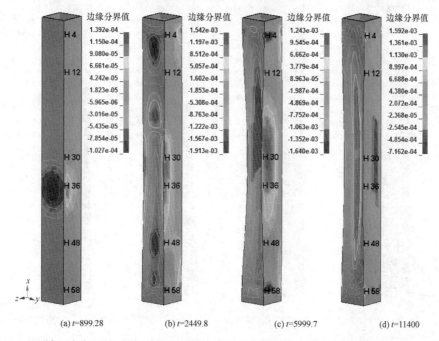

图 4.7　两端固支方钢柱迎爆面端部测点压力响应云图（单位：时间为 μs，压力为 10^5 MPa）

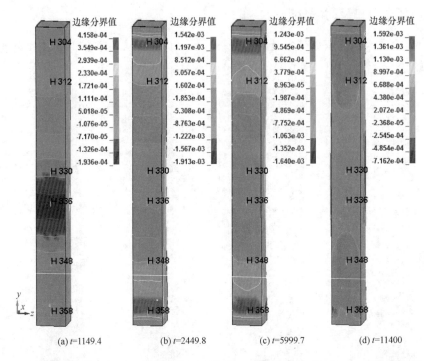

(a) t=1149.4　　(b) t=2449.8　　(c) t=5999.7　　(d) t=11400

图 4.8　两端固支方钢柱背爆面中间测点压力响应云图（单位：时间为μs，压力为 10^5 MPa）

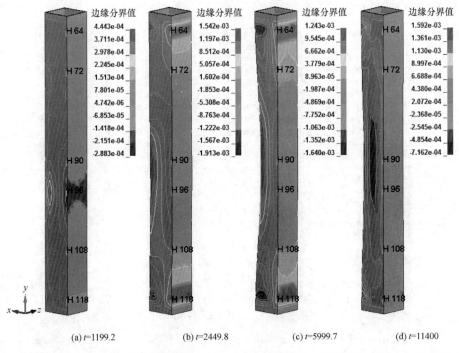

(a) t=1199.2　　(b) t=2449.8　　(c) t=5999.7　　(d) t=11400

图 4.9　两端固支方钢柱背爆面端部测点压力响应云图（单位：时间为μs，压力为 10^5 MPa）

提取图中各观测点压力时程曲线，得到两端固定约束下方钢裸柱各测点在无防护情况下的爆炸冲击波压力时程曲线如图 4.10~图 4.13 所示，其中图 4.10、图 4.11 分别为迎爆面中间测点和端部测点的爆炸冲击波压力时程曲线，图 4.12、图 4.13 为背爆面的相应点的爆炸冲击波压力时程曲线。

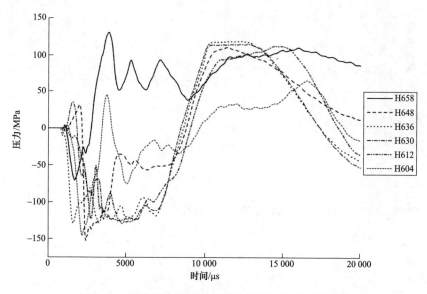

图 4.10　两端固支钢柱迎爆面中间测点压力时程曲线

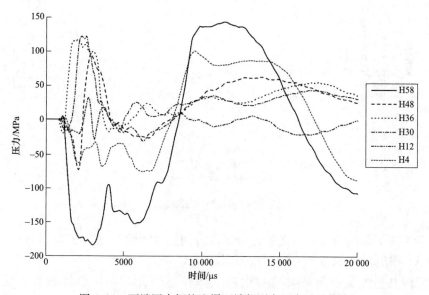

图 4.11　两端固支钢柱迎爆面端部测点压力时程曲线

　　从图 4.10 和图 4.11 中可以看出，在 9000μs 左右之前，迎爆面中间测点和背爆面所有测点，在离爆心上下 1m 的范围内，受到 x 负向的压力；超出 1m 的范围，即柱的两端受到 x 正向压力，而迎爆面端部测点则刚好相反，即 1m 的范围内受到 x 正向压力，超出 1m 的

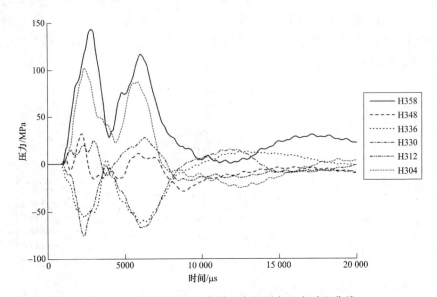

图 4.12 两端固支钢柱背爆面中间测点压力时程曲线

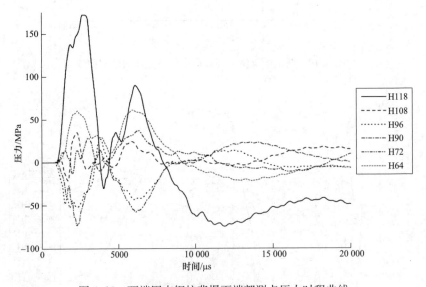

图 4.13 两端固支钢柱背爆面端部测点压力时程曲线

范围的测点受到 x 负向压力；但之后迎爆面所有测点基本都受到 x 正向压力，而背爆面测点压力趋于 0 附近，在 $11\,400\,\mu s$ 时再次到达高峰。

无防护情况下两端固定约束的方钢柱在爆炸冲击作用下，整体的最大压力峰值为 -191.27MPa，出现在迎爆面柱顶的端部 H3 单元处，时间为 $2450\,\mu s$，如图 4.14 所示。就压力峰值而言，柱脚大于柱顶，且柱脚和柱顶处均远大于钢柱其他部位；迎爆面大于背面，端部大于中间部位。

（2）一固一铰裸钢柱压力分布及时程分析。底端固定顶端铰接约束下裸露方钢柱各测点

图 4.14　两端固支方钢柱整体的压力云图（单位：时间为 μs，压力为 10^5 MPa）

在无防护情况下的爆炸冲击波压力云图如图 4.15～图 4.18 所示。迎爆面压力响应云图如图 4.15 和图 4.16 所示。背爆面压力响应云图如图 4.17 和图 4.18 所示。

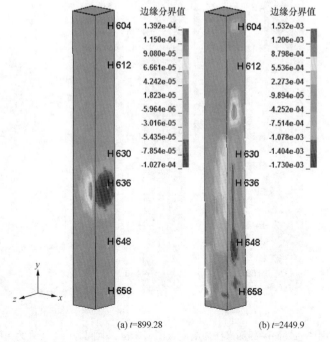

(a) t=899.28　　　　　　　　(b) t=2449.9

图 4.15　一固一铰方钢柱迎爆面中间测点压力响应云图（单位：时间为 μs，压力为 10^5 MPa）（一）

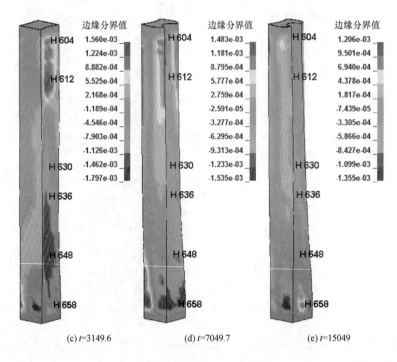

(c) t=3149.6　　　　(d) t=7049.7　　　　(e) t=15049

图 4.15　一固一铰方钢柱迎爆面中间测点压力响应云图（单位：时间为 μs，压力为 10^5 MPa）（二）

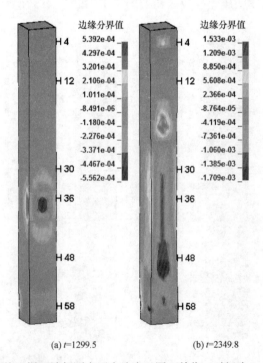

(a) t=1299.5　　　　(b) t=2349.8

图 4.16　一固一铰方钢柱迎爆面端部测点压力响应云图（单位：时间为 μs，压力为 10^5 MPa）（一）

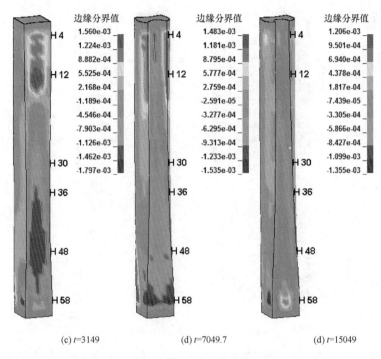

(c) *t*=3149   (d) *t*=7049.7   (d) *t*=15049

图 4.16 一固一铰方钢柱迎爆面端部测点压力响应云图（单位：时间为μs，压力为 10^5 MPa）（二）

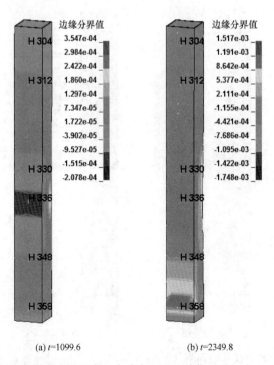

(a) *t*=1099.6   (b) *t*=2349.8

图 4.17 一固一铰方钢柱背爆面中间测点压力响应云图（单位：时间为μs，压力为 10^5 MPa）（一）

69

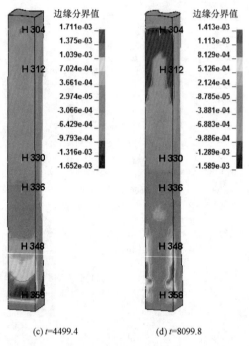

(c) t=4499.4   (d) t=8099.8

图 4.17　一固一铰方钢柱背爆面中间测点压力响应云图（单位：时间为μs，压力为 10^5 MPa）（二）

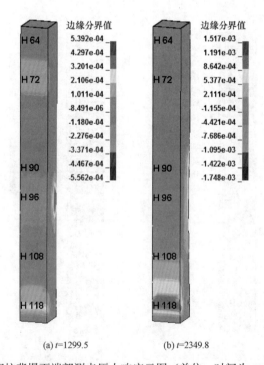

(a) t=1299.5   (b) t=2349.8

图 4.18　一固一铰方钢柱背爆面端部测点压力响应云图（单位：时间为μs，压力为 10^5 MPa）（一）

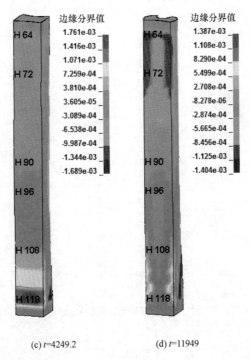

(c) t=4249.2　　(d) t=11949

图 4.18　一固一铰方钢柱背爆面端部测点压力响应云图（单位：时间为μs，压力为 10^5 MPa）（二）

提取图中各观测点压力时程曲线，得到底端固定顶端铰接约束下方钢裸柱各测点在无防护情况下的爆炸冲击波作用下的 x 方向压力时程曲线如图 4.19～图 4.22 所示。

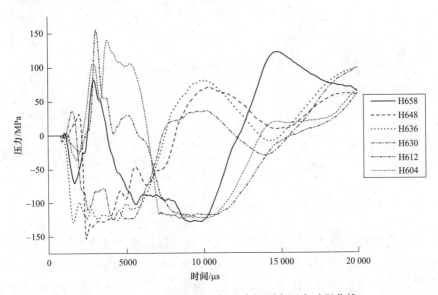

图 4.19　一固一铰钢柱迎爆面中间测点压力时程曲线

从图 4.19 中可以看出，迎爆面中间部位在时间点 2449μs 左右，离柱底 60cm 处的 H648 测点达到负向压力峰值，为－153MPa；然后在 3149μs 左右，离柱顶 60cm 处的 H612

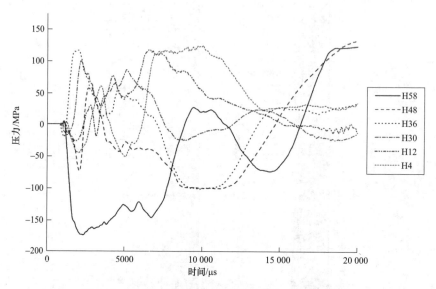

图 4.20　一固一铰钢柱迎爆面端部测点压力时程曲线

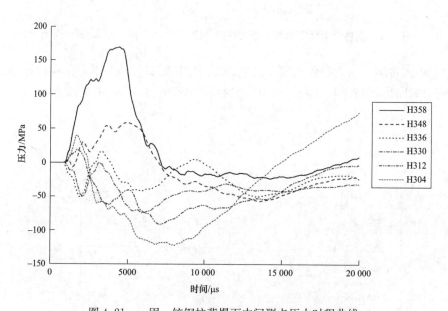

图 4.21　一固一铰钢柱背爆面中间测点压力时程曲线

测点达到正向压力峰值，值为 155.963MPa。钢柱受到爆炸冲击波作用时，迎爆面中间部位爆心附近首先受到 x 负向压力，然后向两端扩散；在 7000μs 左右，爆心附近压力开始转为正值，同时柱两端却由正向压力转为负向压力；最终在 15 000μs 左右钢柱迎爆面中间部位均受到 x 正向的压力。而从图 4.20 可以看出，在 15 000μs 左右以前，迎爆面端部的压力时程曲线变化趋势刚好和中间测点相反；15 000μs 左右以后，端部除柱底受到较大的正向压力以外，其他测点压力值在 0 附近。迎爆面端部测点的压力峰值为 −174.832MPa，出现在 2349μs 左右，离柱底 10cm 处的 H58 测点上。

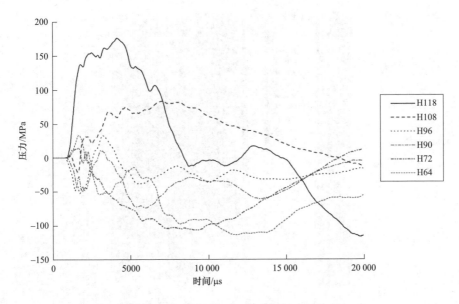

图 4.22　一固一铰钢柱背爆面端部测点压力时程曲线

从图 4.21 和图 4.22 可以看出，整个背爆面爆心附近受到压力较小，柱顶和柱底受到压力较大。柱底主要受到 x 正向压力，柱底中间测点峰值为 170.708MPa，在 4499.4μs 左右出现在离柱底 10cm 的 H358 测点上；柱底端部测点峰值为 176.068MPa，在 4249.22μs 左右出现在离柱底 10cm 的 H118 测点上。而柱顶主要受到 x 负向压力，柱顶中间测点峰值为 −121.558MPa，在 8099μs 左右出现在离柱顶 20cm 的 H304 测点上；柱顶端部测点峰值为 −113.842MPa，在 11 949.4μs 左右出现在离柱顶 20cm 的 H64 测点上。

无防护情况下底端固定顶端铰接约束的方钢柱在爆炸冲击作用下，整体的最大压力峰值为 −185.88MPa，在 3550μs 时出现在钢柱侧面柱底的中间部位 H1078 单元处，压力云图如图 4.23 所示。

（3）两端铰支裸钢柱压力分布及时程分析。两端铰接约束下裸露方钢柱各测点在无防护情况下的爆炸冲击波压力云图如图 4.24～图 4.27 所示。

提取图中各观测点压力时程曲线，得到两端铰接约束下方钢裸柱各测点在无防护情况下的爆炸冲击波作用下的 x 方向压力时程曲线如图 4.28～图 4.31 所示。

从图 4.28 可以看出，两端铰支的方钢柱在爆炸冲击波作用下迎爆面的中间部位受到的压力时程曲线呈现出正弦函数的规律，每个测点的周期基本相同，幅值在逐渐减小；峰值出现在离柱顶 20cm 的 H604 测点上，时间点为 3949.52μs，值为 131.538MPa；在柱顶受到正向最大压力的时间段内，柱下部 4/5 高度左右范围内的测点达到其 x 负向压力最大值，特别是爆心附近约 60cm 范围内的测点的压力峰值均达到 −130MPa 左右。

迎爆面端部测点的压力时程规律从图 4.29 可以看出，同迎爆面中间测点一样，柱下部 4/5 高度左右范围内的测点呈现相同规律，在爆心附近约 60cm 范围内的测点受到较大压力；但与迎爆面中间测点不同的是，钢柱受到爆炸冲击时，柱下部首先受到 x 正向压力，然后

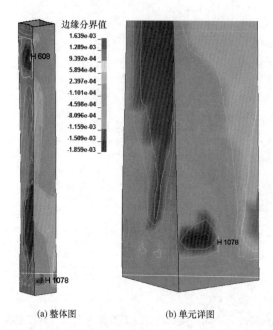

图 4.23　一固一铰方钢柱整体的压力云图（单位：时间为μs，压力为 10^5 MPa）

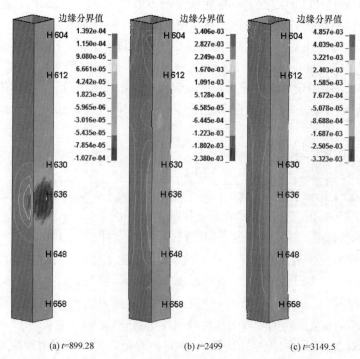

(a) t=899.28　　　　(b) t=2499　　　　(c) t=3149.5

图 4.24　两端铰支方钢柱迎爆面中间测点压力响应云图（单位：时间为μs，压力为 10^5 MPa）（一）

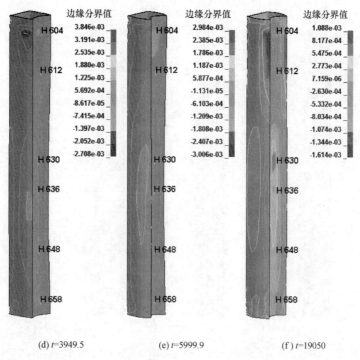

(d) t=3949.5　　　　(e) t=5999.9　　　　(f) t=19050

图 4.24　两端铰支方钢柱迎爆面中间测点压力响应云图（单位：时间为 μs，压力为 10^5 MPa）（二）

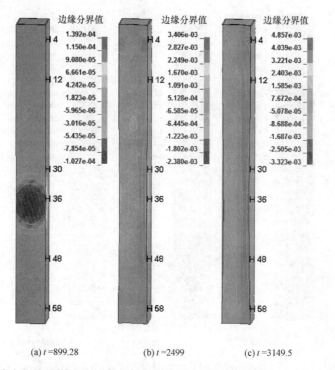

(a) t=899.28　　　　(b) t=2499　　　　(c) t=3149.5

图 4.25　两端铰支方钢柱迎爆面端部测点压力响应云图（单位：时间为 μs，压力为 10^5 MPa）（一）

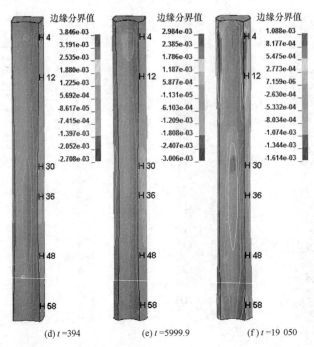

图 4.25 两端铰支方钢柱迎爆面端部测点压力响应云图（单位：时间为μs，压力为 10^5 MPa）（二）

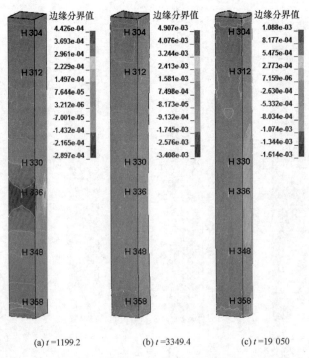

图 4.26 两端铰支方钢柱背爆面中间测点压力响应云图（单位：时间为μs，压力为 10^5 MPa）

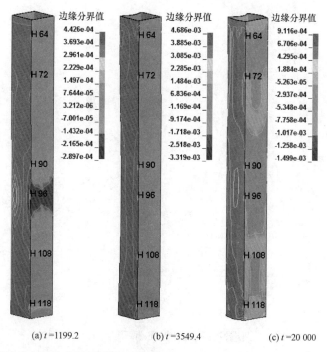

(a) $t = 1199.2$ (b) $t = 3549.4$ (c) $t = 20\,000$

图 4.27　两端铰支方钢柱背爆面端部测点压力响应云图（单位：时间为 μs，压力为 10^5 MPa）

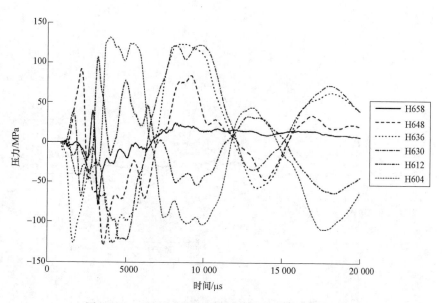

图 4.28　两端铰支钢柱迎爆面中间测点压力时程曲线

建筑结构抗冲击防护新技术

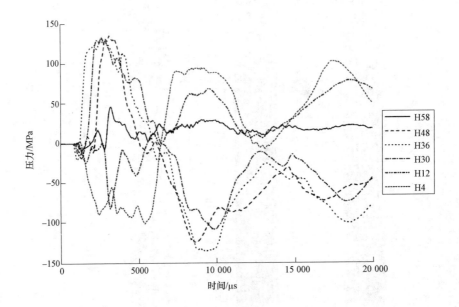

图 4.29 两端铰支钢柱迎爆面端部测点压力时程曲线

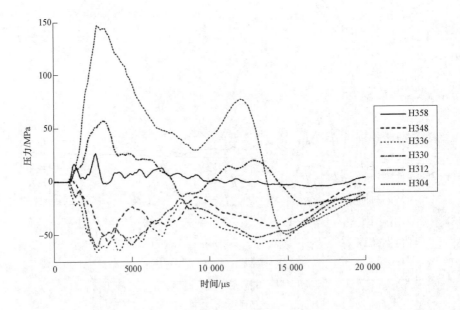

图 4.30 两端铰支钢柱背爆面中间测点压力时程曲线

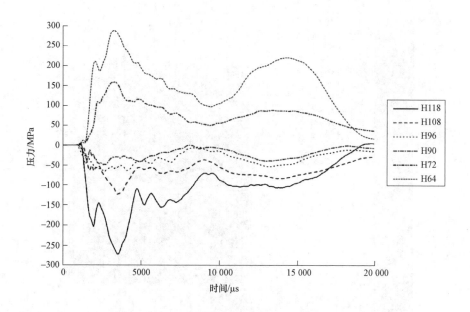

图4.31 两端铰支钢柱背爆面端部测点压力时程曲线

在 $6000\mu s$ 左右转为负向,且一直在负向波动;而柱顶所受压力方向刚好相反。爆心附近约 $60cm$ 范围内的测点,在 $3100\mu s$ 左右,达到 x 正向压力峰值,峰值最大值 $135.17MPa$,在 $9400\mu s$ 左右,达到 x 负向压力峰值,峰值最大值 $-135.257MPa$。

从图4.30和图4.31中可以发现,两端铰支的方钢柱在爆炸冲击波作用下背爆面所有测点的压力时程曲线较为规律,除柱顶所有测点和柱底端部测点以外的所有测点受的压力相近且平缓,均在 $50MPa$ 上下波动。但背爆面柱顶所有测点和柱底端部测点受到较大的压力,特别是柱顶和柱底端部的测点,其中柱顶端部的测点压力在 $3349.38\mu s$ 时达到 x 正向峰值 $285.042MPa$,柱底端部的测点压力在 $3549.38\mu s$ 时达到 x 负向峰值 $-271.827MPa$。

无防护情况下两端铰接约束的方钢柱在爆炸冲击作用下,整体的最大压力峰值为 $490.77MPa$,在 $3300\mu s$ 时出现在钢柱背爆面柱顶的端部 H62 单元处,压力云图如图4.32所示。

(4) 不同约束下裸钢柱的压力对比分析。本节分析了不同约束条件下无防护的方钢柱的压力时程反应,得到如下结论:

1) 爆炸冲击作用下,一固一铰约束下方钢柱受到整体压力峰值比其他两种约束条件下方钢柱所受到的整体压力峰值小。两端固支方钢柱整体的压力峰值为 $-191.27MPa$,出现在迎爆面柱脚的端部,时间为 $2450\mu s$。一固一铰方钢柱整体的压力峰值为 $176.068MPa$,出现在背爆面柱脚的端部,时间为 $4249.22\mu s$。两端铰支方钢柱整体的压力峰值为 $285.042MPa$,出现在背爆面柱顶的端部,时间为 $3349.38\mu s$。

2) 在受到爆炸冲击作用时,方钢柱首先受到 x 负向的压力。一定时间后,两端固支方钢柱迎爆面基本都受到 x 正向压力,而背爆面压力趋于0;一固一铰方钢柱迎爆面也基本受到正向压力,而背爆面底部受到 x 正向压力,柱顶主要受到 x 负向压力;两端铰支方钢柱整体在柱顶处主要受到 x 正向压力,其他受到 x 负向压力。

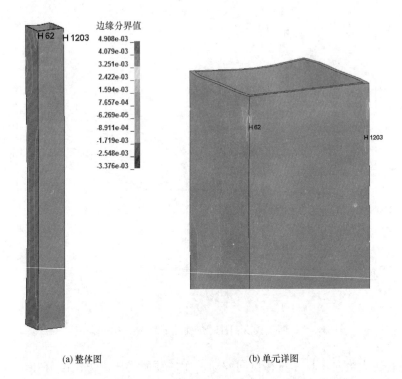

(a) 整体图   (b) 单元详图

图 4.32 两端铰支方钢柱整体的压力云图（单位：时间为μs，压力为 10^5 MPa）

3）就压力峰值值而言，方钢柱的薄弱位置为柱顶和柱脚，特别是柱在它们的端部。

4.1.3 位移响应分析

本文位移数值的正负号均代表 x 轴正反方向。

（1）两端固支裸钢柱位移时程分析。两端固支方钢柱无防护情况下各测点在爆炸冲击作用下 x 方向的位移响应云图如图 4.33～图 4.36 所示。

提取图中各观测点位移时程曲线，得到两端固定约束下方钢裸柱各测点在无防护情况下的爆炸冲击波作用下 x 方向的位移压力时程曲线如图 4.37～图 4.40 所示。

虽然同一水平面上迎爆面和背爆面测点位移变化趋势明显不同，但同一竖向平面的测点变化趋势大致相同。从图 4.37 和图 4.38 可以看出，迎爆面测点在受到冲击后迅速向 x 负向移动，在压力达到第二个峰值点时，位移达到峰值，其中，中间测点最大位移峰值为柱中测点 H630 的位移值－12.7891cm，时间点为 6499.69μs，端部测点最大位移峰值也为柱中测点 H30 的位移峰值－3.708 37cm，时间点为 6749.35μs；而后，位移略有回弹，但已产生较大的 x 负向塑性变形；在 13 099μs 左右，随着压力的变化，再次向 x 负向移动，但第二次位移峰值小于第一次位移峰值。

从图 4.39 和图 4.40 可以看出，背爆面测点受到冲击后也向 x 负向移动，但中间测点稍有迟缓，中间爆心附近测点 H336 在 6449.68μs 达到 x 负向最大位移峰值－1.154 54cm；然后迅速向 x 正向移动，在 15 199.4μs 时柱中测点 H330 达到背爆面所有测点的最大位移峰值 1.254 78cm，最终产生 x 正向的塑性变形。而端部测点在压力达到第一个峰值时位移便

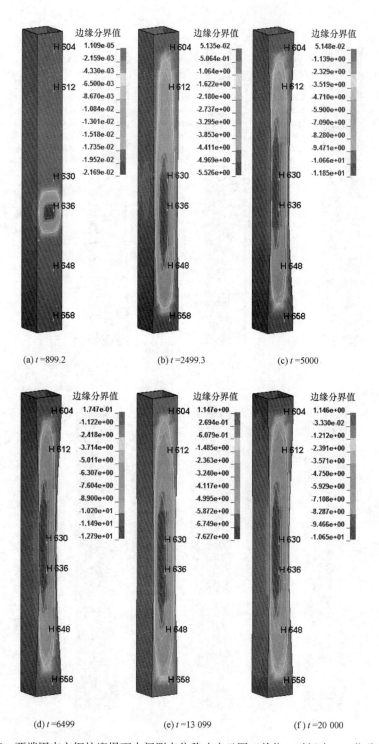

图 4.33　两端固支方钢柱迎爆面中间测点位移响应云图（单位：时间为μs，位移为 cm）

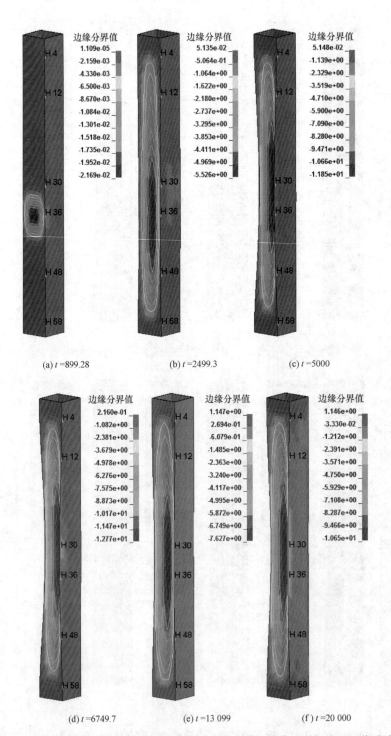

图 4.34 两端固支方钢柱迎爆面端部测点位移响应云图（单位：时间为μs，位移为cm）

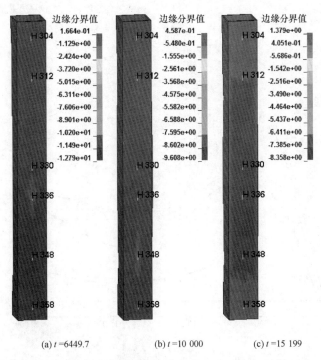

(a) t =6449.7　　　　　(b) t =10 000　　　　　(c) t =15 199

图 4.35　两端固支方钢柱背爆面中间测点位移响应云图（单位：时间为μs，位移为 cm）

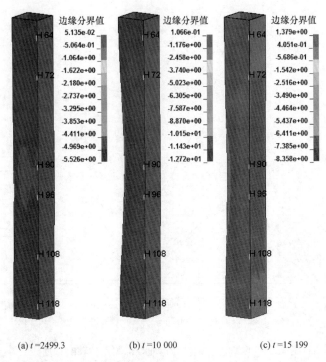

(a) t =2499.3　　　　　(b) t =10 000　　　　　(c) t =15 199

图 4.36　两端固支方钢柱背爆面端部测点位移响应云图（单位：时间为μs，位移为 cm）

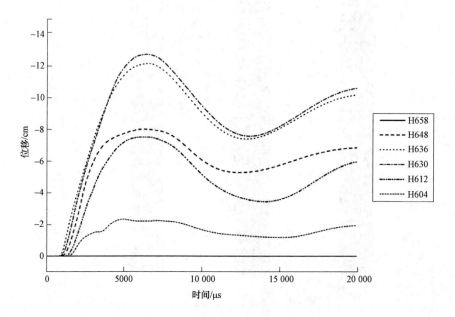

图 4.37　两端固支钢柱迎爆面中间测点位移时程曲线

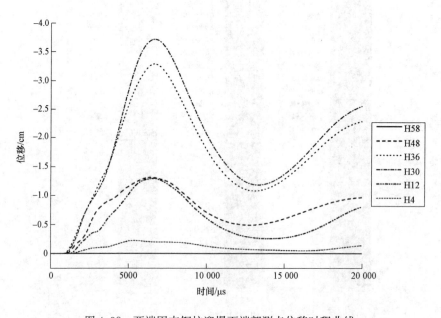

图 4.38　两端固支钢柱迎爆面端部测点位移时程曲线

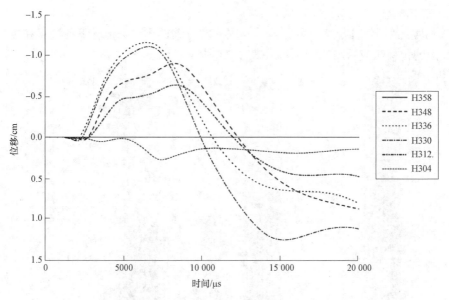

图 4.39 两端固支钢柱背爆面中间测点位移时程曲线

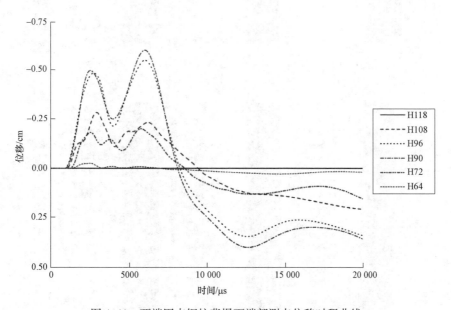

图 4.40 两端固支钢柱背爆面端部测点位移时程曲线

达到一个小高峰，时间为 2500 μs 左右；而后少量回弹，再随着压力变化迅速向 x 负向移动，在 6049.12 μs 时，柱中测点 H90 达到最大位移峰值 −0.598 155；而后，与背爆面中间测点趋势一致，最终也形成 x 正向的塑性变形，但变形值远小于中间测点。

整体来看，无论迎爆面还是背爆面，爆心附近测点位移明显大于柱脚和柱顶，位移呈现从爆心对应点开始依次向两端递减的规律；同一水平面上，中间测点的位移也明显大于端部测点。两端固支钢柱整体最大位移峰值出现在柱中（测点 H630），为 -12.789cm，时间点为 6500μs 左右。

（2）一固一铰裸钢柱位移时程分析。一固一铰方钢柱无防护情况下各测点在爆炸冲击作用下 x 方向的位移响应云图如图 4.41～图 4.44 所示。

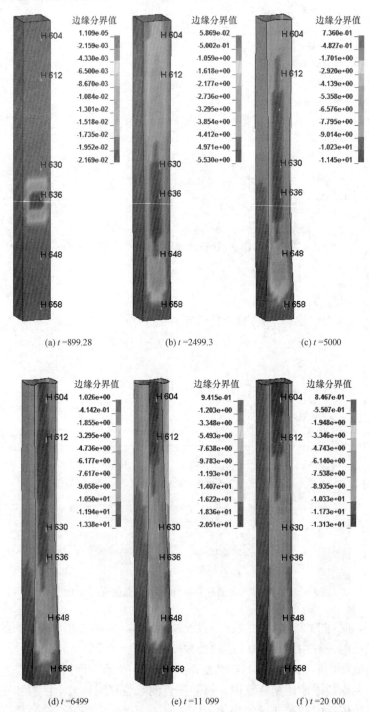

图 4.41　一固一铰方钢柱迎爆面中间测点位移响应云图（单位：时间为μs，位移为 cm）

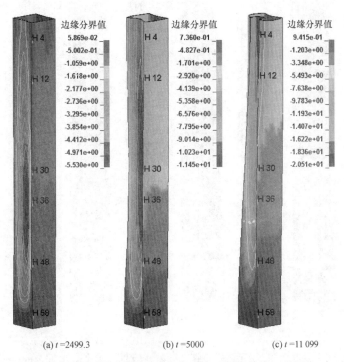

(a) t =2499.3　　(b) t =5000　　(c) t =11 099

图 4.42　一固一铰方钢柱迎爆面端部测点位移响应云图（单位：时间为 μs，位移为 cm）

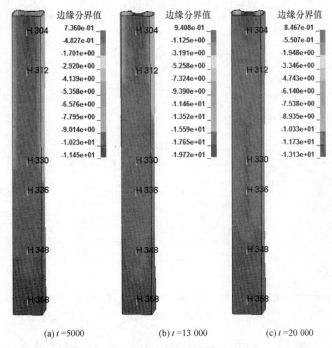

(a) t =5000　　(b) t =13 000　　(c) t =20 000

图 4.43　一固一铰方钢柱背爆面中间测点位移响应云图（单位：时间为 μs，位移为 cm）

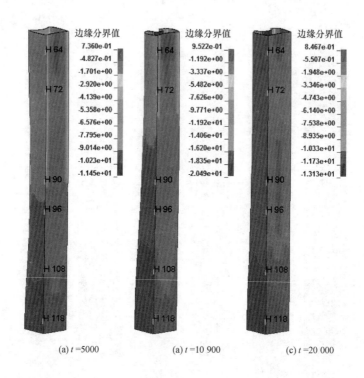

图 4.44　一固一铰方钢柱背爆面端部测点位移响应云图（单位：时间为μs，位移为 cm）

提取图中各观测点位移时程曲线，得到底端固定顶端铰接约束下方钢裸柱各测点在无防护情况下的爆炸冲击波作用下 x 方向的位移压力时程曲线如图 4.45～图 4.48 所示。

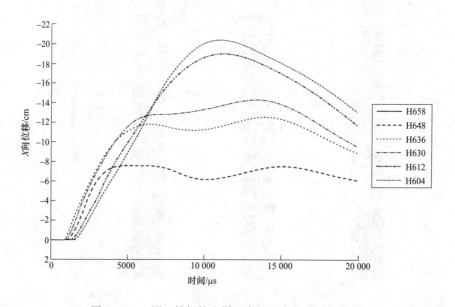

图 4.45　一固一铰钢柱迎爆面中间测点位移时程曲线

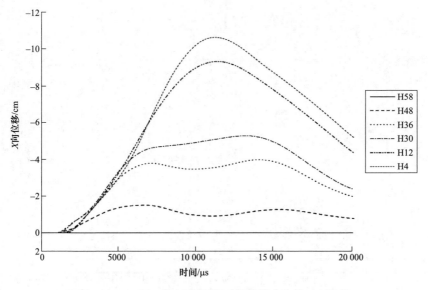

图 4.46　一固一铰钢柱迎爆面端部测点位移时程曲线

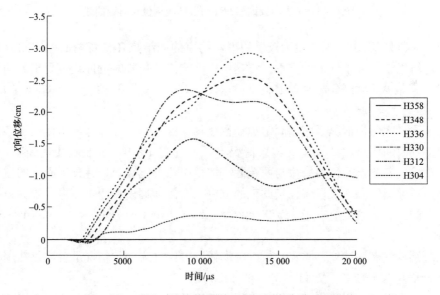

图 4.47　一固一铰钢柱背爆面中间测点位移时程曲线

从图 4.45～图 4.48 可以看出，迎爆面所有测点和背爆面端部测点的位移时程曲线规律大致相同，均是钢柱受到爆炸冲击时，爆心附近测点（H636）在 800μs 左右首先产生位移，然后柱顶迅速向 x 负向移动并产生较大位移，最大位移峰值均产生在离柱顶 20cm 的测点上。其中，迎爆面中间测点最大位移峰值为柱顶测点 H604 的位移峰值－20.3481cm，时间点为 11 099μs；迎爆面端部测点最大位移峰值为测点 H4 的位移峰值－10.631cm，时间点也在 11 099μs 点处；背爆面端部测点最大位移峰值为测点 H64 的位移峰值－3.588 64cm，时间点为 10 900μs。

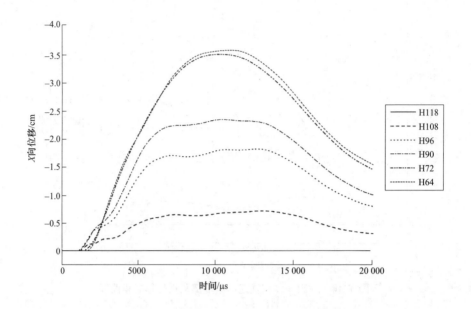

图 4.48　一固一铰钢柱背爆面端部测点位移时程曲线

从图 4.47 可以看出，因柱顶为铰接约束，约束的固结点在与背爆面中间测点在同一竖向平面上，所以该约束条件下的方钢柱背爆面中间测点的位移时程曲线表现出与两端固支相同的规律，其最大位移峰值为爆心附近测点 H336 的位移峰值 -2.9583cm，时间点为 13 000μs。

整体来看，无防护情况下底端固定顶端铰接约束的方钢柱在爆炸冲击作用下各测点向 x 负向移动持续时间明显比两端固支约束情况下长，均在 10 000μs 左右才达到第一个峰值；爆心附近及柱底各测点的位移峰值与两端固支的情况相差不大，但柱顶各测点的位移明显增大。无防护情况下底端固定顶端铰接约束的方钢柱在爆炸冲击作用下，整体最大位移峰值出现在迎爆面的柱顶（单元节点为 1655），值为 -20.3481cm，时间点为 11 099μs，云图如图 4.49 所示。

（3）两端铰支裸钢柱位移时程分析。两端铰支方钢柱无防护情况下各测点在爆炸冲击作用下 x 方向的位移响应云图如图 4.50～图 4.53 所示。

提取图中各观测点压力时程曲线，得到两端固定约束下方钢裸柱各测点在无防护情况下的爆炸冲击波作用下 x 方向的位移压力时程曲线如图 4.54～图 4.57 所示。

从图 4.54 和图 4.55 可以看出，两端铰支方钢柱的迎爆面测点表现出整体向 x 轴负方向移动的规律，且在 9400μs 左右达到位移峰值；但迎爆面端部测点位移相对小于中间测点的位移，最大位移峰值为 $-5.911\,85$cm，而中间测点的最大位移峰值为 -15.8672cm。

从图 4.56 和图 4.57 可以看出，对于两端铰支方钢柱的背爆面而言，主要爆心附近测点产生较大位移，其中间测点和端部测点位移相差不大，均在 15 000μs 左右达到位移峰值，最大位移峰值分别为 $-1.817\,73$cm 和 -1.4292cm。

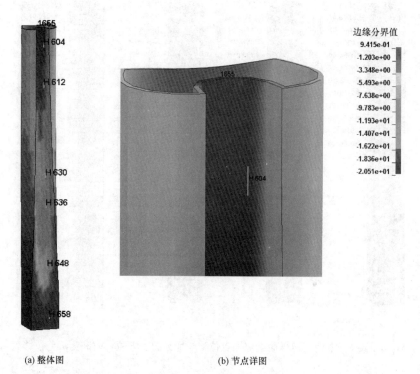

(a) 整体图　　　　　　　　　　(b) 节点详图

图 4.49　一固一铰方钢柱整体最大位移峰值云图（单位：时间为μs，位移为 cm）

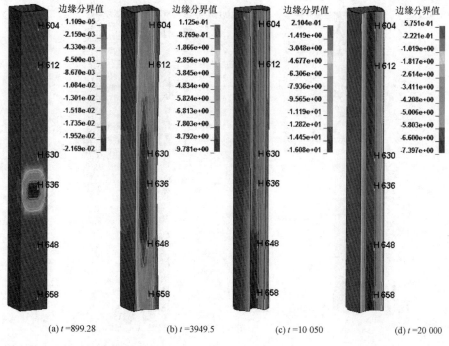

(a) t =899.28　　　(b) t =3949.5　　　(c) t = 10 050　　　(d) t = 20 000

图 4.50　两端铰支方钢柱迎爆面中间测点位移响应云图（单位：时间为μs，位移为 cm）

建筑结构抗冲击防护新技术

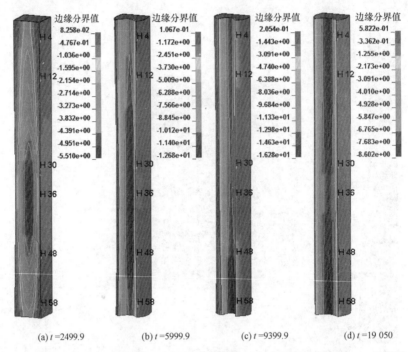

(a) t=2499.9　　(b) t=5999.9　　(c) t=9399.9　　(d) t=19 050

图 4.51　两端铰支方钢柱迎爆面端部测点位移响应云图（单位：时间为μs，位移为 cm）

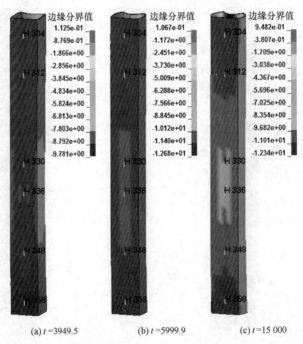

(a) t=3949.5　　(b) t=5999.9　　(c) t=15 000

图 4.52　两端铰支方钢柱背爆面中间测点位移响应云图（单位：时间为μs，位移为 cm）

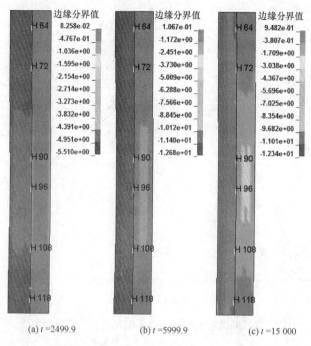

(a) t =2499.9　　　(b) t =5999.9　　　(c) t =15 000

图 4.53　两端铰支方钢柱背爆面端部测点位移响应云图（单位：时间为μs，位移为 cm）

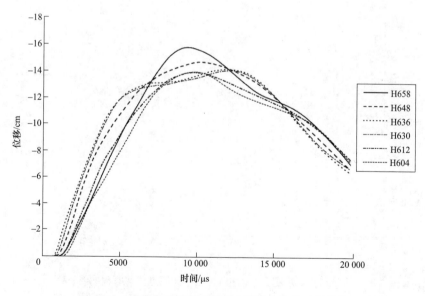

图 4.54　两端铰支钢柱迎爆面中间测点位移时程曲线

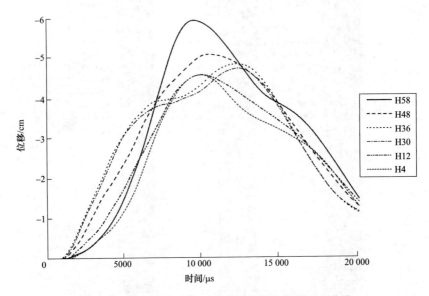

图 4.55　两端铰支钢柱迎爆面端部测点位移时程曲线

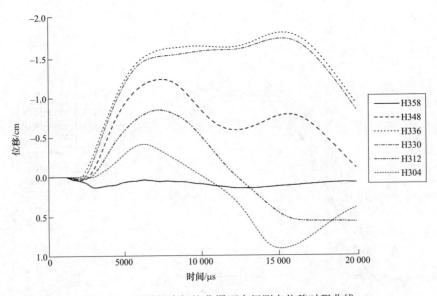

图 4.56　两端铰支钢柱背爆面中间测点位移时程曲线

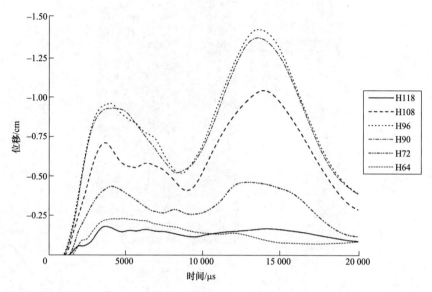

图 4.57 两端铰支钢柱背爆面端部测点位移时程曲线

整体来看，两端铰支方钢柱在爆炸作用下背爆面测点的位移都远远小于迎爆面测点位移，且背爆面主要是爆心附近测点位移相对较大，而迎爆面所有的测点都有较大位移，表现为迎爆面整体向 x 轴负方向移动。无防护情况下两端铰接约束的方钢柱在爆炸冲击作用下，整体最大位移峰值出现在迎爆面柱底的中间测点（单元节点为 1650），值为 -16.28cm，时间点为 $9400\mu\text{s}$，云图如图 4.58 所示。

（4）不同约束下裸钢柱的位移对比分析。本节分析了不同约束条件下无防护的方钢柱的位移时程反应，得到如下结论：

1）爆炸冲击作用下，一固一铰约束下方钢柱受到整体位移峰值比其他两种约束条件下方钢柱所受到的整体位移峰值大，其次是两端铰接的钢柱。两端固支约束条件下方钢柱最大位移峰值出现在柱中（测点 H630），为 -12.789cm，时间点为 $6500\mu\text{s}$ 左右；一固一铰约束条件下方钢柱最大位移峰值出现在柱中（测点 H604），为 -20.3481cm，时间点为 $11\ 099.3\mu\text{s}$ 左右；两端铰接约束条件下方钢柱最大位移峰值出现在柱中（测点 H658），为 -15.8672cm，时间点为 $9400\mu\text{s}$ 左右。

2）受到爆炸冲击时，方钢柱首先向 x 负向移动，但在计算时间结束时，两端固支约束条件下方钢柱迎爆面最终产生较大的 x 负向塑性变形，背爆面最终产生 x 正向的塑性变形；一固一铰约束条件下方钢柱整体最终产生 x 负向塑性变形，特别是铰接一端产生较大位移；两端铰接约束条件下方钢柱迎爆面整体向 x 轴负方向移动，背爆面的位移较小。

3）根据爆炸冲击作用下方钢柱的位移时程反应，一固一铰的约束方式不太利于抗爆，因此工程中建议避免悬臂结构，在建筑中注意对悬挑结构的抗爆防护。

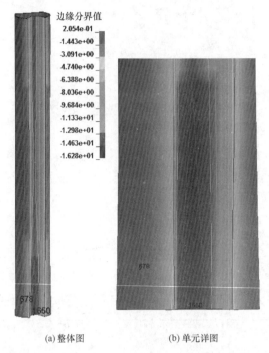

边缘分界值

2.054e-01
-1.443e+00
-3.091e+00
-4.740e+00
-6.388e+00
-8.036e+00
-9.684e+00
-1.133e+01
-1.298e+01
-1.463e+01
-1.628e+01

(a) 整体图   (b) 单元详图

图 4.58　两端铰支方钢柱整体最大位移峰值云图（单位：时间为 μs，位移为 cm）

4.1.4　有效应力时程分析

考虑应变率效应，钢材的屈服应力取为 $3.45 \times 10^2 \text{MPa}$，超过屈服应力部分，便可认定为单元失效，即认为此处发生破坏。

（1）两端固支裸钢柱有效应力时程分析。两端固支方钢柱无防护情况下各测点在爆炸冲击作用下有效应力响应云图如图 4.59～图 4.61 所示。

提取图中各观测点有效应力时程曲线，得到两端固定约束下方钢裸柱各测点在无防护情况下的爆炸冲击波作用下有效应力时程曲线如图 4.62～图 4.65 所示，图中 YS 均表示屈服应力（yield stress）。

从图 4.62 可以看出，迎爆面在爆心附近是中间测点（H648、H636、H630）发生破坏，测点在 2500μs 左右开始失效，在 5000μs 左右基本稳定；而图 4.63、图 4.65 显示，柱脚和柱顶处发生破坏的原因主要是因为其端点失效，迎爆面端部测点 H58、H4 在 2500μs 左右开始失效，背爆面端部测点 H118 在 2500μs 左右也进入塑性状态。整体分析，在 2500μs 左右，迎爆面的下半部分有效应力值基本达到屈服强度；背爆面受到的有效应力相对较小，除了柱顶和柱脚的端点，基本不会发生破坏。

无防护的两端固支钢柱在爆炸冲击作用下受到的整体有效应力峰值最大值出现在柱中（单元 H569），值为 363.971MPa，超出屈服强度 5.49%，时间点为 6599.7μs，该时间点钢柱有效应力云图如图 4.66 所示。

（2）一固一铰裸钢柱有效应力时程分析。底端固定顶端铰接方钢柱无防护情况下各测点在爆炸冲击作用下有效应力响应云图如图 4.67～图 4.70 所示。

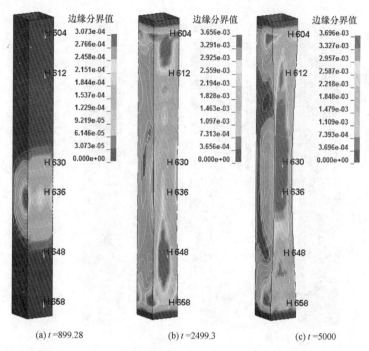

图 4.59　两端固支方钢柱迎爆面中间测点有效应力响应云图（单位：时间为μs，应力为 10^5 MPa）

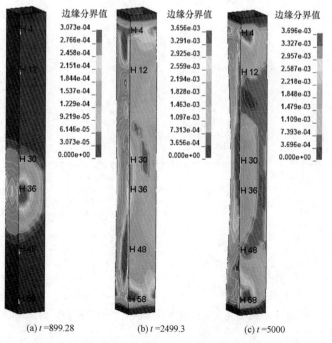

图 4.60　两端固支方钢柱迎爆面端部测点有效应力响应云图（单位：时间为μs，应力为 10^5 MPa）

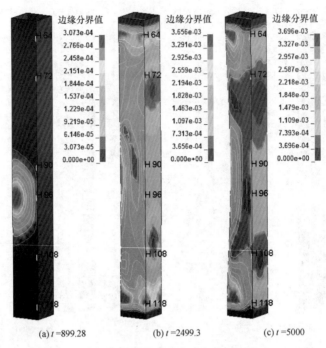

图 4.61　两端固支方钢柱背爆面端部测点有效应力响应云图（单位：时间为 μs，应力为 10^5 MPa）

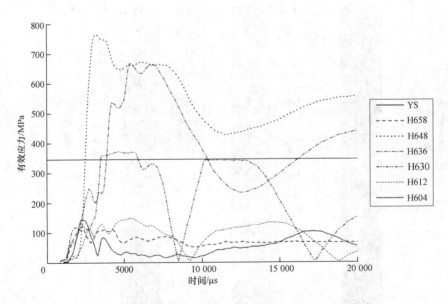

图 4.62　两端固支钢柱迎爆面中间测点有效应力时程曲线

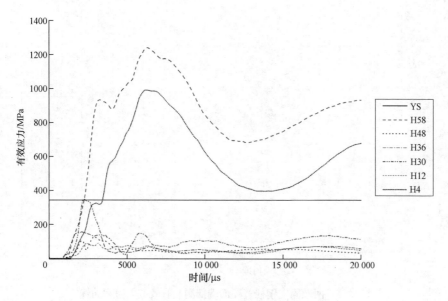

图 4.63　两端固支钢柱迎爆面端部测点有效应力时程曲线

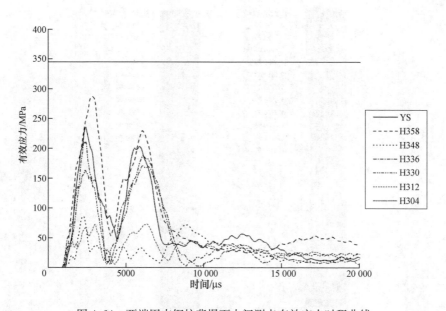

图 4.64　两端固支钢柱背爆面中间测点有效应力时程曲线

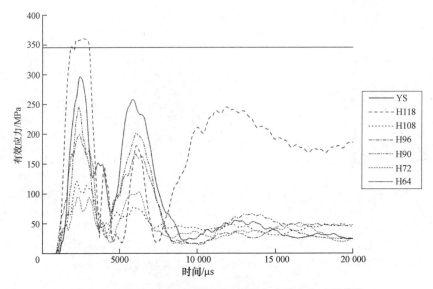

图 4.65　两端固支钢柱背爆面端部测点有效应力时程曲线

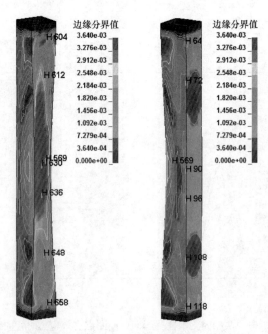

图 4.66　两端固支方钢柱整体有效应力峰值云图（单位：时间为μs，应力为 10^5 MPa）

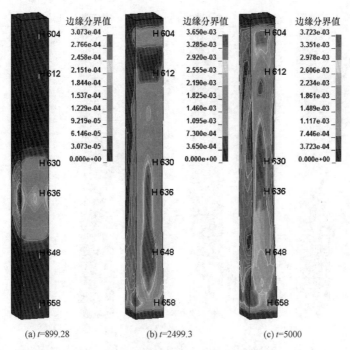

图 4.67　一固一铰方钢柱迎爆面中间测点有效应力响应云图（单位：时间为μs，应力为 MPa）

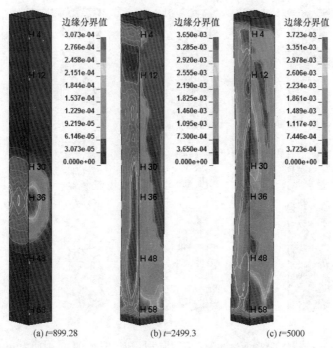

图 4.68　一固一铰方钢柱迎爆面端部测点有效应力响应云图（单位：时间为μs，应力为 MPa）

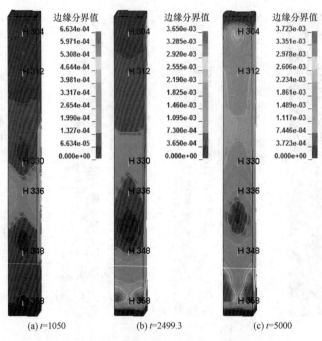

图 4.69　一固一铰方钢柱背爆面中间测点有效应力响应云图（单位：时间为μs，应力为 MPa）

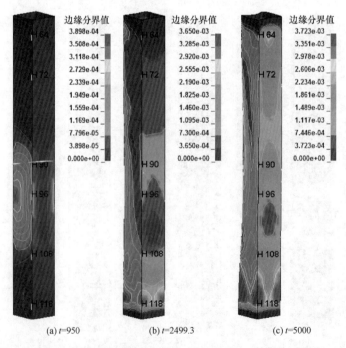

图 4.70　一固一铰方钢柱背爆面端部测点有效应力响应云图（单位：时间为μs，应力为 MPa）

提取图中各观测点有效应力时程曲线，得到两端固定约束下方钢裸柱各测点在无防护情况下的爆炸冲击波作用下有效应力时程曲线如图 4.71～图 4.74 所示，图中 YS 均表示屈服应力（yield stress）。

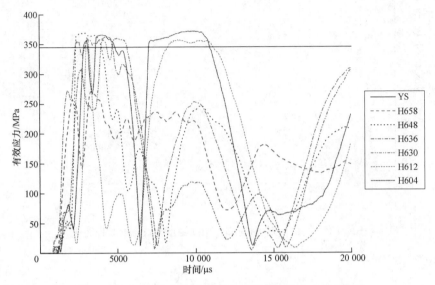

图 4.71　一固一铰钢柱迎爆面中间测点有效应力时程曲线

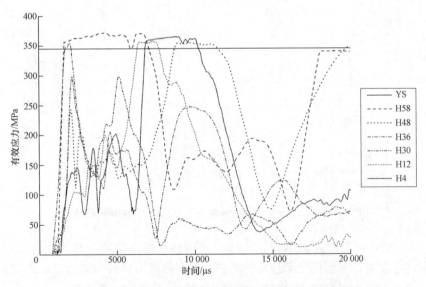

图 4.72　一固一铰钢柱迎爆面端部测点有效应力时程曲线

从图 4.71 和图 4.72 可以看出，一固一铰钢柱迎爆面的测点有效应力基本都超过屈服强度，且在 2000μs 左右便开始失效；但失效测点有效应力峰值基本都在 350～373.2MPa，最大有效应力峰值超过屈服强度 8.2%。

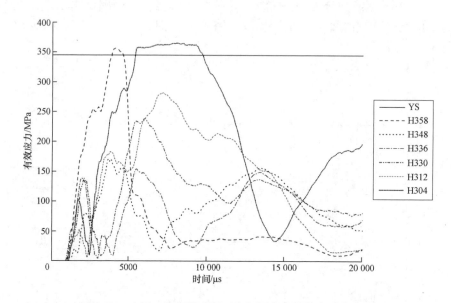

图 4.73　一固一铰钢柱背爆面中间测点有效应力时程曲线

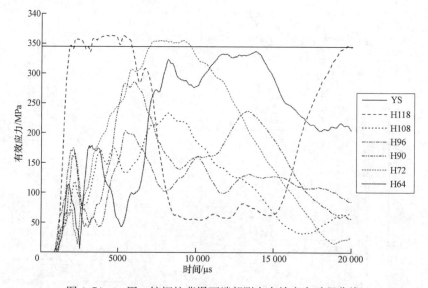

图 4.74　一固一铰钢柱背爆面端部测点有效应力时程曲线

从图 4.73 和图 4.74 中可以看出,一固一铰钢柱背爆面的有效应力也相对小于其迎爆面。失效测点主要为背爆面柱顶和柱脚的测点,其有效应力峰值与迎爆面失效测点有效应力峰值接近,但背爆面中间测点失效时间在 4000μs 左右,相对有所延迟。

无防护的一固一铰方钢柱在爆炸冲击作用下受到的整体有效应力峰值最大值出现在柱底端部(单元 H58),值为 373.168MPa,超出屈服强度 8.2%,时间点为 4299.9μs,该时间点钢柱有效应力云图如图 4.75 所示。

(3) 两端铰支裸钢柱有效应力时程分析。两端铰支方钢柱无防护情况下各测点在爆炸冲

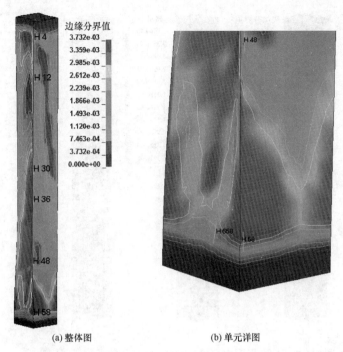

(a) 整体图   (b) 单元详图

图 4.75　一固一铰方钢柱整体有效应力峰值云图（单位：时间为μs，应力为 10^5 MPa）

击作用下有效应力响应云图如图 4.76～图 4.78 所示。

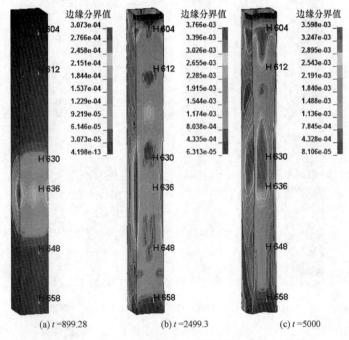

(a) t =899.28   (b) t =2499.3   (c) t =5000

图 4.76　两端铰接方钢柱迎爆面中间测点有效应力云图（单位：时间为μs，应力为 MPa）

提取图中各观测点有效应力时程曲线，得到两端铰接约束下方钢裸柱各测点在无防护情

建筑结构抗冲击防护新技术

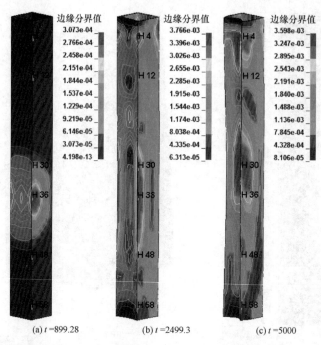

图 4.77 两端铰接方钢柱迎爆面端部测点有效应力云图（单位：时间为μs，应力为 MPa）

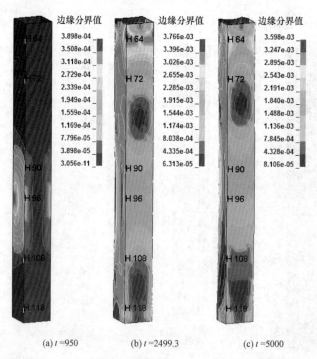

图 4.78 两端铰接方钢柱背爆面有效应力响应云图（单位：时间为μs，应力为 MPa）

况下的爆炸冲击波作用下有效应力时程曲线如图 4.79～图 4.82 所示，图中 YS 均表示屈服应力（yield stress）。

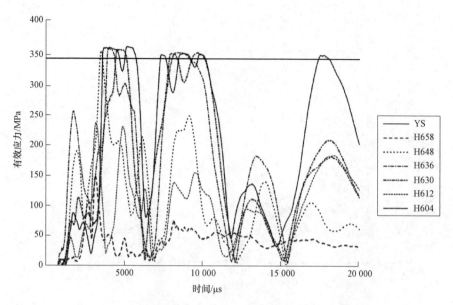

图 4.79 两端铰支钢柱迎爆面中间测点有效应力时程曲线

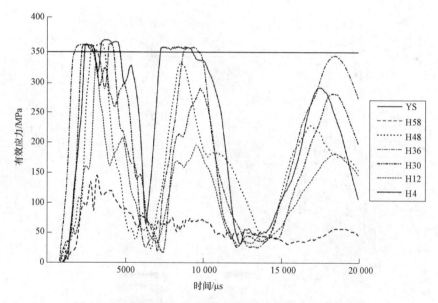

图 4.80 两端铰支钢柱迎爆面端部测点有效应力时程曲线

从图 4.79~图 4.82 可以看出，两端铰支约束的方钢柱在爆炸作用下的有效应力时程曲线与一固一铰约束下的方钢柱的有效应力时程曲线类似，即迎爆面的测点有效应力基本都超过屈服强度，背爆面主要是柱顶和柱脚的测点失效，背爆面失效测点有效应力峰值与迎爆面失效测点有效应力峰值接近，背爆面中间测点失效时间也在 4000μs 左右；不同的是，失效测点有效应力峰值基本都在 350~365MPa，最大有效应力峰值超过屈服强度 5.7%；迎爆面

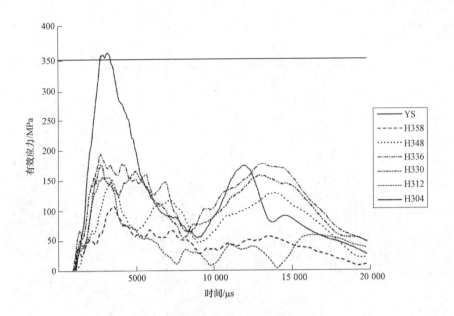

图 4.81　两端铰支钢柱背爆面中间测点有效应力时程曲线

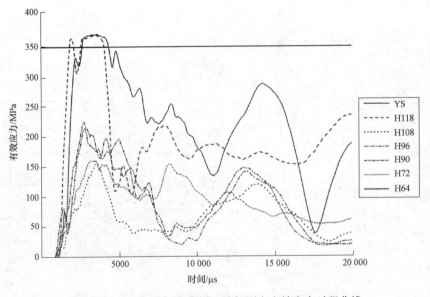

图 4.82　两端铰支钢柱背爆面端部测点有效应力时程曲线

中间测点的失效时间点在 $4000\mu s$ 左右，相对一固一铰钢柱延迟 $1000\mu s$ 左右。

无防护的两端铰支方钢柱在爆炸冲击作用下受到的整体有效应力峰值最大值出现在背爆面柱底端部（单元 H119），值为 410.46MPa，超出屈服强度 18.84%，时间点为 $3550\mu s$，该时间点钢柱有效应力云图如图 4.83 所示。

（4）不同约束下裸钢柱的应力对比分析。本节分析了不同约束条件下无防护的方钢柱的

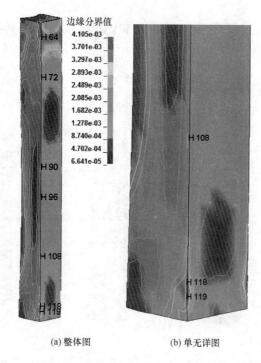

(a) 整体图   (b) 单元详图

图 4.83　两端铰接方钢柱整体有效应力峰值云图（单位：时间为 μs，应力为 MPa）

有效应力时程反应，得到如下结论：

1）根据不同约束条件下方钢柱对爆炸冲击的有效应力时程反应对比分析，两端固定的约束条件最有利于抗爆，一固一铰或两端铰支的有效应力反应相差不大。

爆炸作用下，两端固支约束条件下方钢柱仅迎爆面下半部分有效应力值基本达到屈服强度；而一固一铰或两端铰支的方钢柱几乎所有测点的有效应力都超过屈服强度，一固一铰方钢柱失效测点有效应力峰值基本都在 350～374MPa，最大有效应力峰值超过屈服强度 8.4%；两端铰支方钢柱失效测点有效应力峰值基本都在 350～365MPa，最大有效应力峰值超过屈服强度 5.7%。

2）在爆炸作用下，根据有效应力的屈服准则，三种约束条件下的方钢柱的薄弱部位主要是迎爆面以及背爆面的柱顶和柱脚部位。

两端固支约束条件下方钢柱在 2500μs 左右，迎爆面的下半部分有效应力值基本达到屈服强度，背爆面受到的有效应力相对较小，除了柱顶和柱脚的端点，基本不会发生破坏；一固一铰约束条件下方钢柱迎爆面在 2000μs 左右便开始失效，背爆面失效时间在 4000μs 左右，主要是柱顶和柱脚部位，其有效应力峰值与迎爆面失效有效应力峰值接近；两端铰接约束条件下方钢柱在爆炸作用下的有效应力时程曲线与一固一铰约束下的方钢柱的有效应力时程曲线类似。

4.1.5　应变时程分析

（1）两端固支裸钢柱应变时程分析。两端固支方钢柱无防护情况下各测点在爆炸冲击作用下有效塑性应变响应云图如图 4.84 和图 4.85 所示。

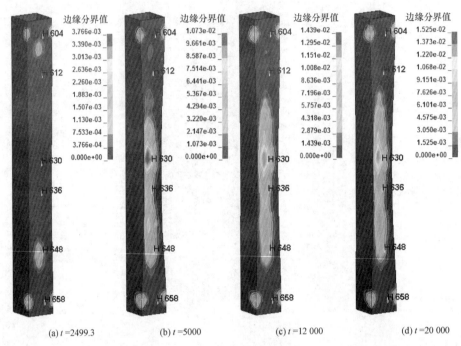

图 4.84　两端固支方钢柱迎爆面中间测点有效塑性应变响应云图（单位：μs）

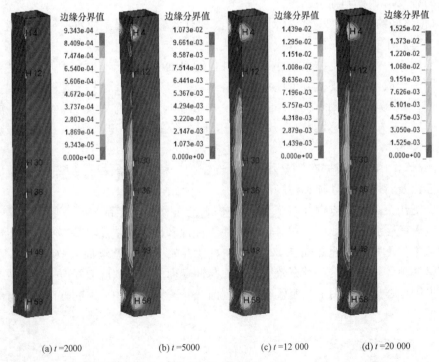

图 4.85　两端固支方钢柱迎爆面端部测点有效塑性应变响应云图（单位：μs）

提取图中各观测点有效塑性应变时程曲线，得到两端固定约束下方钢裸柱各测点在无防护情况下的爆炸冲击波作用下有效塑性应变时程曲线如图 4.86～图 4.88 所示，其背爆面中间测点无有效塑性应变。

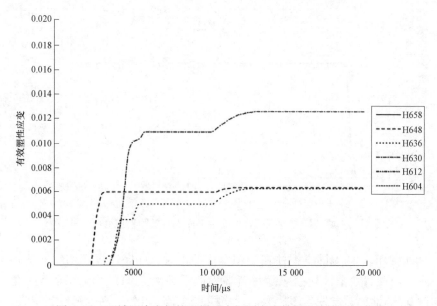

图 4.86　两端固支方钢柱迎爆面中间测点有效塑性应变时程曲线

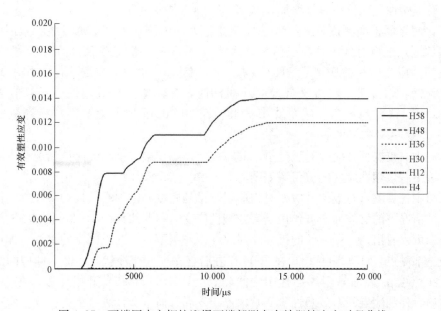

图 4.87　两端固支方钢柱迎爆面端部测点有效塑性应变时程曲线

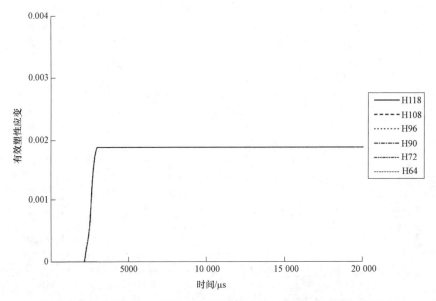

图 4.88　两端固支方钢柱背爆面端部测点有效塑性应变时程曲线

从图中可以看出，两端固支钢柱在受到爆炸冲击时，柱底迎爆面的端部测点 H58 首先在 2000μs 左右出现有效塑性应变，随后背爆面的端部测点 H118 也出现塑性变形，不过，背爆面仅有柱底的端部测点发生塑性变形；当柱底端部测点处于高度塑性状态时，迎爆面的塑性区从柱两端开始向柱中蔓延。在 5000μs 左右，迎爆面柱中中间测点（H630、H636）也产生较大塑性应变；但随后迎爆面柱中中间测点的塑性应变开始稳定，而迎爆面两端的端部测点的有效塑性应变仍在持续增加，在 12 000μs 左右停止发展。

最终，迎爆面中间测点最大有效塑性应变值为柱中测点 H630 的塑性应变值 0.0127，迎爆面端部测点最大有效塑性应变值为柱底测点 H58 的塑性应变值 0.0140，背爆面测点最大有效塑性应变值为柱底测点 H118 的塑性应变值 0.0019。在爆炸冲击作用下，两端固支钢柱无防护情况下，在本文计算终止时间时，整体最大有效塑性应变峰值为迎爆面柱顶端部单元 H3 的有效塑性应变值 0.0153，在 20 000μs 时有效塑性应变等值云图如图 4.89 所示。

（2）一固一铰裸钢柱应变时程分析。底端固定顶端铰接方钢柱无防护情况下各测点在爆炸冲击作用下有效塑性应变响应云图如图 4.90～图 4.92 所示。

提取图中各观测点有效塑性应变时程曲线，得到底端固定顶端铰接约束下方钢裸柱各测点在无防护情况下的爆炸冲击波作用下有效塑性应变时程曲线如图 4.93～图 4.96 所示。

从图中可以看出，一固一铰的钢柱在爆炸冲击作用下，与两端固定的钢柱一样，也是整个柱底的端部测点（H58、H118）在 2000μs 左右首先进入塑性状态，随后向中间测点和柱顶蔓延；在 2500μs 左右，迎爆面柱中中间测点（H648、H636）开始屈服；在 5000μs 左右，除柱顶以外的测点的有效塑性应变基本停止发展；而本文计算范围内柱顶上所有测点的有效塑性应变一直发展到 10 550μs。

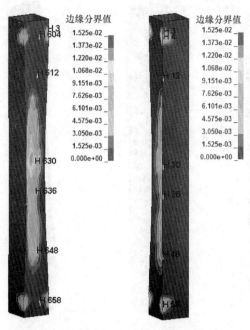

图 4.89　两端固支方钢柱有效塑性应变等值云图（$t=20\,000\mu s$）

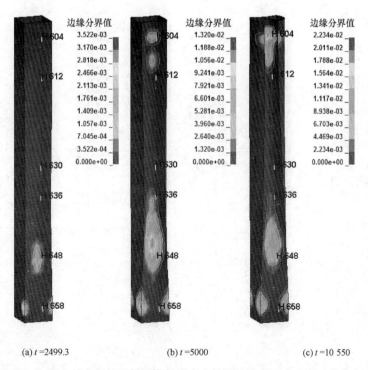

(a) $t=2499.3$　　　　　　　(b) $t=5000$　　　　　　　(c) $t=10\,550$

图 4.90　一固一铰方钢柱迎爆面中间测点有效塑性应变响应云图（单位：μs）

建筑结构抗冲击防护新技术

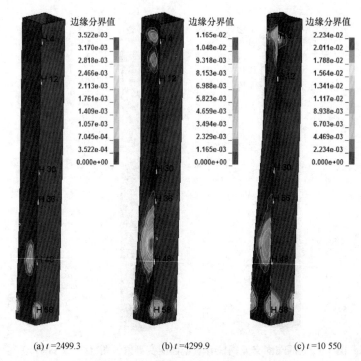

(a) t =2499.3   (b) t =4299.9   (c) t =10 550

图 4.91　一固一铰方钢柱迎爆面端部测点有效塑性应变响应云图（单位：μs）

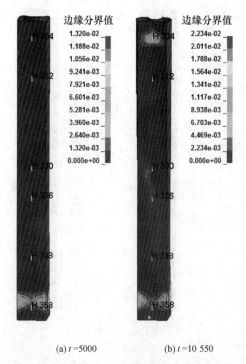

(a) t =5000   (b) t =10 550

图 4.92　一固一铰方钢柱背爆面有效塑性应变响应云图（单位：μs）

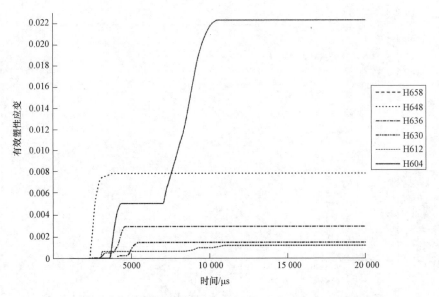

图 4.93　一固一铰方钢柱迎爆面中间测点有效塑性应变时程曲线

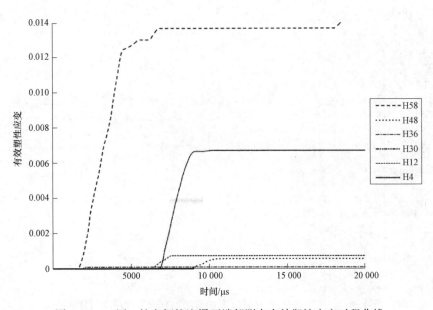

图 4.94　一固一铰方钢柱迎爆面端部测点有效塑性应变时程曲线

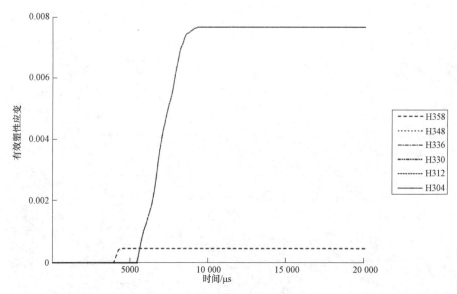

图 4.95　一固一铰方钢柱背爆面中间测点有效塑性应变时程曲线

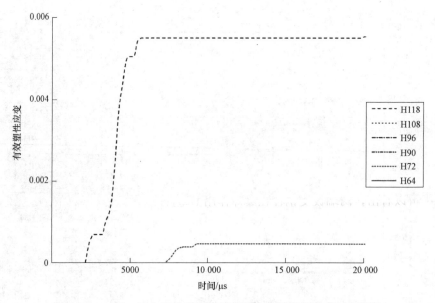

图 4.96　一固一铰方钢柱背爆面端部测点有效塑性应变时程曲线

最终，迎爆面最大有效塑性应变为离柱顶 20cm 的中间测点 H604 的有效塑性应变 0.0224，其端部测点最大有效塑性应变为离柱底 10cm 的测点 H58 的有效塑性应变 0.0150；背爆面最大有效塑性应变为离柱顶 20cm 的中间测点 H304 的有效塑性应变 0.0077，其端部测点最大有效塑性应变为离柱底 10cm 的测点 H118 的有效塑性应变 0.0055。在爆炸冲击作用下，一固一铰钢柱无防护情况下，整体最大有效塑性应变峰值为迎爆面柱顶端部单元 H664 的有效塑性应变值 0.0223，有效塑性应变等值云图如图 4.97 所示。

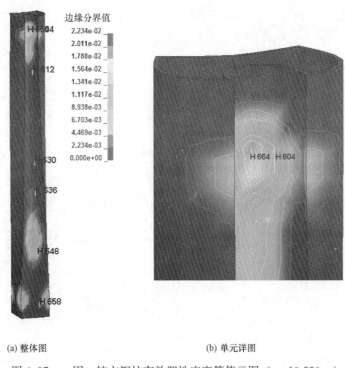

(a) 整体图　　　　　　　　　　　　　　　(b) 单元详图

图 4.97　一固一铰方钢柱有效塑性应变等值云图（$t=10\ 550\mu s$）

　　（3）两端铰支裸钢柱应变时程分析。两端铰支方钢柱无防护情况下各测点在爆炸冲击作用下有效塑性应变相对较小，其云图变化不明显。提取各观测点有效塑性应变时程曲线，得到两端铰支约束下方钢裸柱各测点在无防护情况下的爆炸冲击波作用下有效塑性应变时程曲线如图 4.98～图 4.100 所示，其背爆面中间测点无有效塑性应变。

　　从图中可以看出，两端铰支钢柱在爆炸作用下塑性变形相对较小，主要集中在柱顶，离柱顶 20cm 的各测点有效塑性应变值均在 0.006～0.0072 之间。迎爆面中间测点的最大有效塑性应变为柱顶测点 H604 的有效塑性应变值 0.0072，端部测点的最大有效塑性应变为柱顶测点 H4 的有效塑性应变值 0.0062；背爆面中间测点均保持弹性状态，端部测点的最大有效塑性应变为柱顶测点 H64 的有效塑性应变值 0.0061。

　　本文计算时间内，两端铰支约束下方钢柱在无防护情况下，受爆炸冲击作用受到的整体最大有效塑性应变峰值为背爆面柱底端部单元 H1259 所受到的有效塑性应变峰值 0.0469，20 000μs 时的有效塑性应变等值云图如图 4.101 所示。

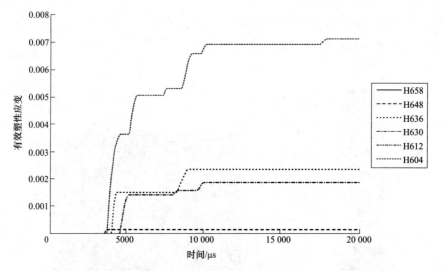

图 4.98　两端铰支方钢柱迎爆面中间测点有效塑性应变时程曲线

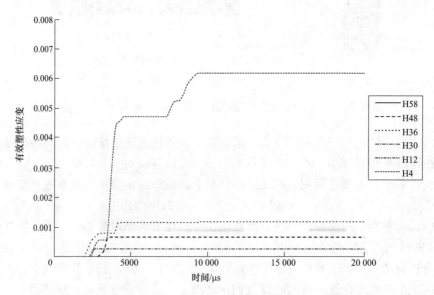

图 4.99　两端铰支方钢柱迎爆面端部测点有效塑性应变时程曲线

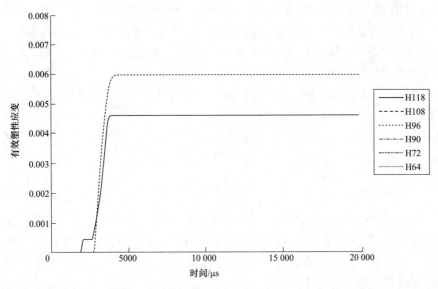

图 4.100　两端铰支方钢柱背爆面端部测点有效塑性应变时程曲线

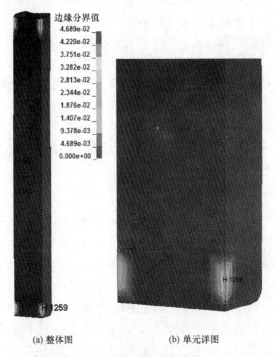

(a) 整体图　　　　　　　(b) 单元详图

图 4.101　两端铰支方钢柱有效塑性应变等值云图（$t = 20\ 000\mu s$）

（4）不同约束下裸钢柱的应变对比分析。本节分析了不同约束条件下无防护的方钢柱的有效塑性应变时程反应，得到如下结论：

1）爆炸作用下，如以方钢柱受到的有效塑性应变为判断标准，则一固一铰约束形式的方钢柱最不利于抵抗爆炸冲击，两端固定约束次之，一固一铰约束较好。两端固支约束下方钢柱最大有效塑性应变出现在迎爆面柱底测点 H58 处，塑性应变值为 0.0140；一固一铰约束下方钢柱最大有效塑性应变出现在迎爆面离柱顶 20cm 的测点 H604，有效塑性应变值为0.0224；两端铰支方钢柱在爆炸作用下塑性变形相对较小，最大有效塑性应变出现在迎爆面中间测点 H604 处，值为 0.0072。

2）不同约束条件的方钢柱受到爆炸冲击时，均为柱底迎爆面首先出现有效塑性应变，随后背爆面也出现塑性变形，塑性区从柱两端开始向柱中蔓延。

4.1.6 分析结果

本章通过有限元软件 ANSYS/LS-DYNA 建立两端固支、一端固支一端铰接和两端铰接的方钢柱模型，利用气体和结构间的流固耦合相互作用，对三种不同约束的方钢柱进行了爆炸冲击模拟，着重分析了不同约束下方钢柱在爆炸作用下的压力、位移、有效应力和有效塑性应变的时程相应，总结了爆炸冲击作用下方钢柱的动力响应模式，主要结论如下：

1）根据位移、有效应力和有效塑性应变的综合分析，方钢柱在爆炸冲击作用下，一固一铰的约束条件最不利于抵抗爆炸冲击，两端固定约束抗爆效果相对较好。虽然一固一铰约束下方钢柱受到的压力相对最小，但该约束下方钢柱的有效应力峰值最大值达 374MPa，超过屈服应力 8.4%，最大有效塑性应变峰值达 0.0224。而两端固定约束下方钢柱虽受到的位移峰值相对较大，但最终的有效应力和产生的有效塑性应变相对较小。

2）同一种约束条件下，方钢柱受到爆炸冲击的薄弱部位集中在迎爆面以及背爆面的柱顶和柱脚部位，同一水平面上中间测点相对端部测点产生较大的位移、有效应力和有效塑性应变。

4.2 复合防护钢柱的性能分析

4.2.1 防护结构有限元模型建立

（1）防护结构计算模型。在钢柱的迎爆面和背面布置不同防护措施进行钢柱的抗爆研究，分别包括迎爆面柔性防护（工况 B）、迎爆面刚柔复合防护（工况 C）、迎爆面柔性防护的同时背面设置柔性防护（工况 D）、以及迎爆面刚柔复合防护的同时背面设置柔性防护（工况 E）四种防护结构，为了分析方便，默认无防护的钢柱为工况 A。

柔性层选用尺寸为 8cm×30cm×280cm 的橡胶板，刚性层选用尺寸为 2cm×30cm×280cm 的钢板；为了得到最优的防护性能，本文提出在工况 C 和工况 E 的情况下，把其中迎爆面上刚性防护层下的柔性防护层分为 1 整块、4 块和 16 块三种情况，分别在工况字母后用数字 1、4、16 表示。一共建立 9 种工况的计算模型（A，B，C1，C4，C16，D，E1，E4，E16），以工况 D、E 为例，计算模型如图 4.102 所示，工况 B、C 相对工况 D、E 无背爆面的防护。

本文防护层网格划分尺寸同钢柱，采用映射网格，单元尺寸为 5cm，用拉格朗日网格建模，得到刚性防护层的单元数为 366 个，一整块和分 4 块的柔性防护层的单元数均为 672 个，分 16 块的柔性防护层的单元数为 768 个。防护层与防护层之间以及防护层与钢柱之间的接触同样采用面对面的接触模式。

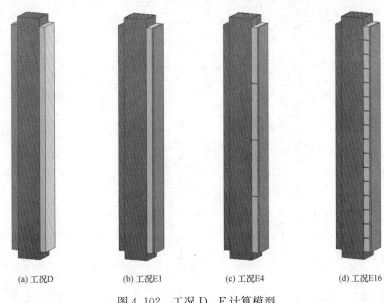

(a) 工况 D　　　　(b) 工况 E1　　　　(c) 工况 E4　　　　(d) 工况 E16

图 4.102　工况 D、E 计算模型

（2）防护层材料模型。钢板的材料模型同钢柱，即采用双线性随动材料模型 MAT _ PLASTIC _ KINEMATIC。橡胶板的材料类型为 Blatz-Ko 橡胶非线性弹性模型，由 Blatz 和 Ko 定义的超弹性橡胶模型。模拟中选用密度为 $1.150g/cm^3$ 的橡胶板，采用 ANSYS/LS-DYNA 中 MAT _ BLATZ-KO _ RUBBER 模型来描述作为柔性防护的橡胶板材料。该模型使用第二类 Piola-Kirchoff 应力，橡胶板材料的剪切模量为 0.0104，泊松比自动定义为 0.463，基本参数见表 4.4。

表 4.4　　　　　　　　　　　橡胶板模型基本参数表　　　　　　　　　　　g-cm-μs

RO	G	REF
1.150	0.0104	0

注　参数表中 RO 为材料密度，单位 g/cm^3；G 为剪切模量（shear modulus）；REF 表示几何初始化应力张量，0 表示不考虑。表格中采用 g-cm-μs 单位而非国际单位制 kg-m-s，与数值模拟软件的输入要求有关。

（3）输出结果。基于第四章无防护的钢柱（工况 A）在爆炸条件下的动力响应分析结果，本节选取各工况下钢柱最危险截面即迎爆面上，沿 y 方向上 9 个不同高度的中间点作为固定观测点，如图 4.103 所示，对比分析其位移响应、有效应力以及有效塑性应变，进而分析不同的防护性能。柔性层整体位移云图如图 4.104 所示。

4.2.2　防护层变形能分析

本文选用的柔性层防护材料为橡胶板，橡胶作为一种高聚物，具有较好的吸能特性，本文通过分析仅设置柔性层时柔性层的迎爆面和背爆面的位移差来说明橡胶板的吸能效果。

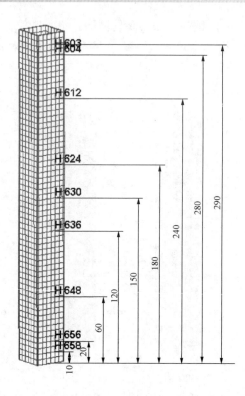

图 4.103 防护性能分析观测点位置图（单位：cm）

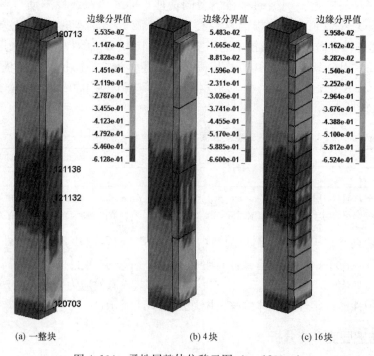

图 4.104 柔性层整体位移云图（$t=1800\mu s$）

分别提取了一整块柔性层迎爆面和背爆面沿钢柱不同高度的中间节点作为固定观测点，得到一整块状态下的柔性层各观测点的位移时程分布曲线如图 4.105 所示。

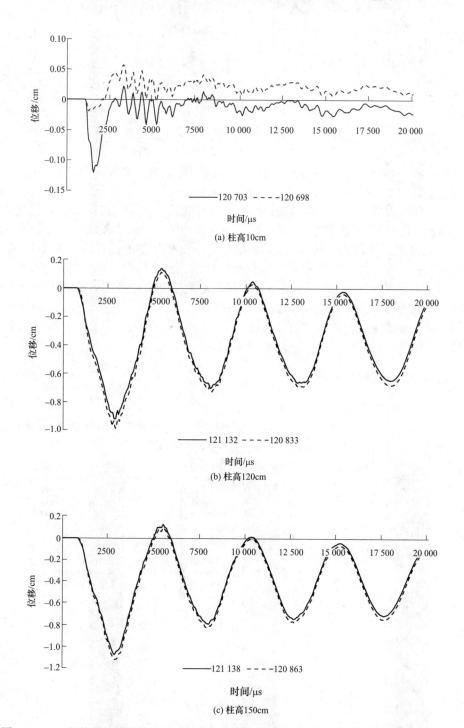

图 4.105 一整块柔性层整体位移时程曲线（实线为迎爆面测点，虚线为背爆面测点）（一）

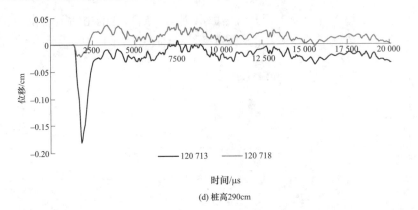

(d) 桩高290cm

图 4.105　一整块柔性层整体位移时程曲线（实线为迎爆面测点，虚线为背爆面测点）（二）

从图 4.105 可以看出，在爆炸冲击作用下，以橡胶板作为柔性防护层，其迎爆面和背爆面具有位移差，即具有吸能的效果。其中靠近柱两端的防护层位移差较大，特别是在时间为 $1000\sim2500\mu s$ 之间，橡胶板在柱高为 10cm 处的迎爆面和背爆面测点位移差在 $1550\mu s$ 时达到最大值 0.1cm，在柱高为 290cm 处的迎爆面和背爆面测点位移差在 $1800\mu s$ 时达到最大值 0.16cm；而在柱高为 120cm 处和 150cm 处，即爆心附近和柱中位置，橡胶板迎爆面和背爆面测点位移差相差并不大，几乎同向移动同样的距离，这是因为在爆心附近的防护层受到突然的较大冲击，导致橡胶板该部位均受到较大压力与应力，因此迎爆面和背爆面几乎同向运动，位移差不明显。

4.2.3　位移响应对比分析

1. 两端固支带防护钢柱位移响应对比分析

根据 5.3.3 节的位移分析，提取两端固支钢柱在不同工况下在时间点为 $6500\mu s$ 时的位移响应云图进行对比，如图 4.106 所示（位移单位均为 cm）。

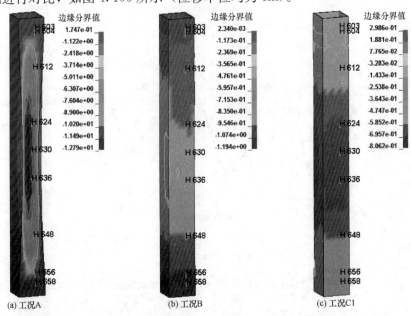

图 4.106　两端固支方钢柱位移响应对比云图 （$t=6500\mu s$）（一）

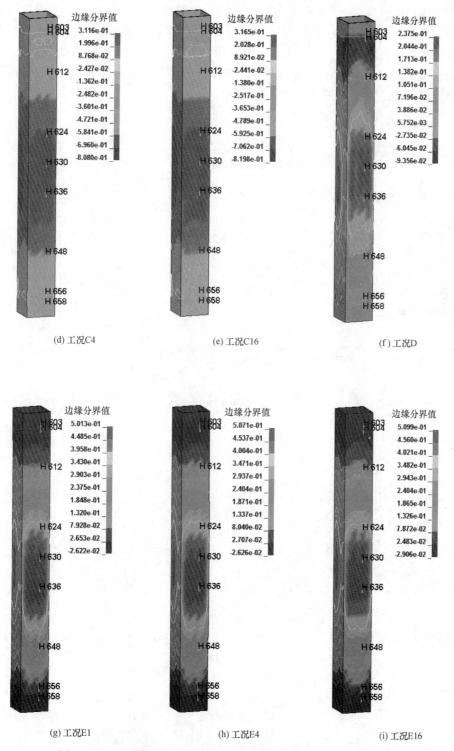

图 4.106 两端固支方钢柱位移响应对比云图 ($t=6500\mu$s)（二）

　　提取各工况下钢柱各测点的位移峰值，如图 4.107 所示，可以看出不同工况下两端固支钢柱在爆炸作用下整体的 x 方向水平位移峰值变化趋势大致是相同，均为柱中位移较大，依次向两端减少。不过，钢柱在有防护的各种工况下，其各测点的 x 方向水平位移峰值远远小于无防护的工况 A。表 4.5 列出了各类有防护的工况相对于工况 A 所减少的 x 方向水平位移的百分比，减少率均达到 90％以上，阴影部分为同一测点上不同防护措施位移减少百分比最大值。

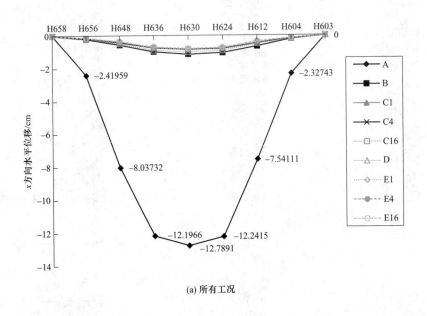

(a) 所有工况

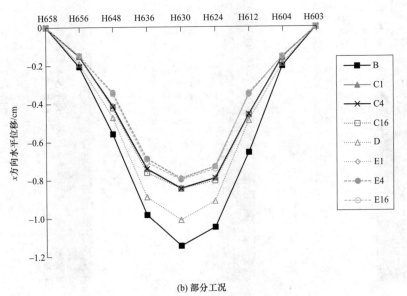

(b) 部分工况

图 4.107　不同防护措施的两固钢柱位移响应对比分析图

表 4.5 不同防护措施的两固钢柱位移响应对比分析表

工况	H656	H648	H636	H630	H624	H612
A	−2.419 59	−8.037 32	−12.1966	−12.7891	−12.2415	−7.541 11
B1	⇓91.56%	⇓93.07%	⇓91.97%	⇓91.07%	⇓91.47%	⇓91.32%
C1	⇓93.78%	⇓94.90%	⇓93.94%	⇓93.43%	⇓93.56%	⇓93.94%
C4	⇓93.78%	⇓94.87%	⇓93.93%	⇓93.41%	⇓93.56%	⇓93.96%
C16	⇓93.83%	⇓94.76%	⇓93.77%	⇓93.40%	⇓93.45%	⇓93.91%
D1	⇓92.19%	⇓94.14%	⇓92.73%	⇓92.13%	⇓92.58%	⇓93.54%
E1	⇓93.94%	⇓95.75%	⇓94.37%	⇓93.84%	⇓94.06%	⇓95.32%
E4	⇓93.95%	⇓95.76%	⇓94.36%	⇓93.81%	⇓94.05%	⇓95.35%
E16	⇓93.99%	⇓95.68%	⇓94.21%	⇓93.77%	⇓93.95%	⇓95.43%

注 1. 第一行：A 工况的钢柱在爆炸条件下的 x 方向水平位移，单位为 cm；

2. 其他各行：各工况相对工况 A 所减少的水平位移的百分比，其中阴影区域为该列位移减少最大值；

3. 负号代表 x 轴负方向。

通过不同防护措施下钢柱的 x 方向水平位移响应数据分析表明，有复合防护的工况 C 和工况 E 的防护效果最为明显，特别是迎爆面刚柔复合防护的同时背面设置柔性防护的工况 E，位移减少值最高达到了 95.76%，抗爆效果最佳；但防护层的分块数就位移而言，均对钢柱的防护效果区别不大。在同一种工况下，钢柱两端的抗爆防护效果最佳，爆心附近次之。两端固定的条件下，在离柱底 60cm 的 H648 测点的防护效果最佳，其次是离柱顶 60cm 的 H612 测点。

2. 一固一铰带防护钢柱位移响应对比分析

根据 5.3.3 节的位移分析，提取一固一铰钢柱在不同工况下在时间点为 11 099 μs 时的位移响应云图进行对比，如图 4.108 所示（位移单位均为 cm）。

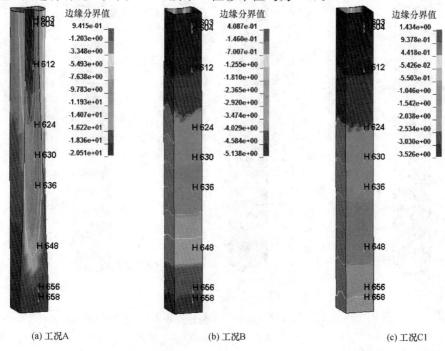

图 4.108 一固一铰方钢柱位移响应对比云图（t=11 099 μs）（一）

建筑结构抗冲击防护新技术

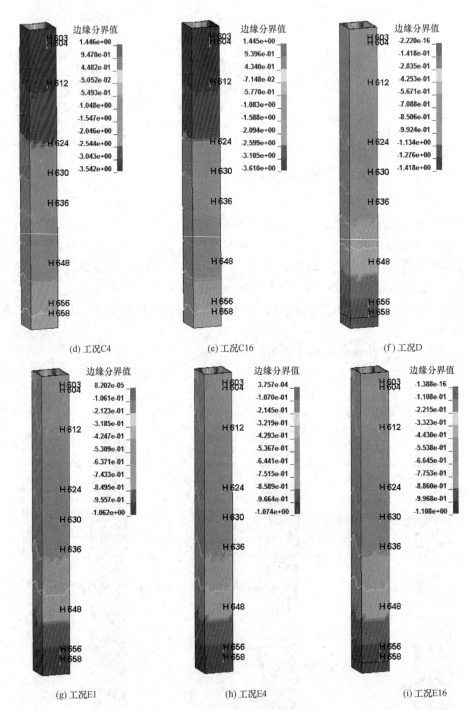

图 4.108　一固一铰方钢柱位移响应对比云图（t＝11 099μs）（二）

提取各工况下钢柱各测点的位移峰值，如图 4.109 所示。从图中可以明显看出，与两端固支的钢柱相比，各种工况的一固一铰钢柱从柱底到爆心对应点 H636 的位移峰值与两端固支的钢柱相比，相差不大；但从测点 H636 往上到柱顶，各测点的位移不断增大，钢柱整体位移呈现从低端到顶端线性增长的规律。一固一铰约束下钢柱各工况之间相比，有防护措施的钢柱就位移峰值而言，抗爆性能大大增加，表 4.6 列出了各类有防护的工况相对于工况 A 所减少的 x 方向水平位移的百分比，一固一铰的条件下减少率百分比在 $73.27\%\sim93.25\%$ 之间，阴影部分为同一测点上不同防护措施位移减少百分比最大值。

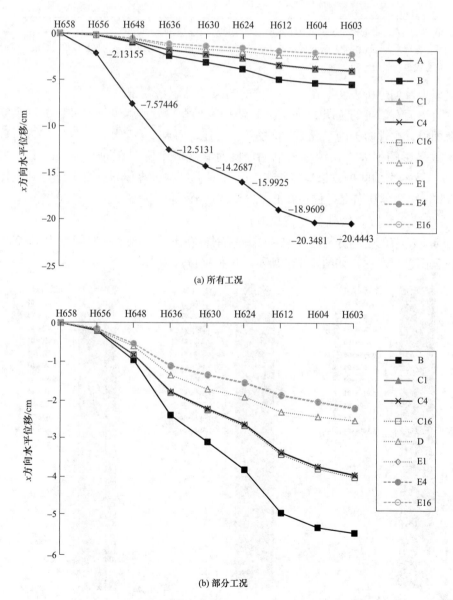

(a) 所有工况

(b) 部分工况

图 4.109　不同防护措施的一固一铰钢柱位移响应对比分析图

129

表 4.6　　　　　　　不同防护措施的一固一铰钢柱位移响应对比分析表

工况	H656	H648	H636	H630	H624	H612	H604
A	−2.419 59	−8.037 32	−12.1966	−12.7891	−12.2415	−7.541 11	−2.327 43
B1	⇓90.48%	⇓87.27%	⇓80.83%	⇓78.29%	⇓76.13%	⇓73.91%	⇓73.84%
C1	⇓91.60%	⇓89.14%	⇓85.76%	⇓84.40%	⇓83.56%	⇓82.30%	⇓81.68%
C4	⇓91.57%	⇓89.12%	⇓85.70%	⇓84.36%	⇓83.51%	⇓82.25%	⇓81.61%
C16	⇓91.55%	⇓89.11%	⇓85.49%	⇓84.14%	⇓83.29%	⇓81.97%	⇓81.36%
D1	⇓91.18%	⇓92.10%	⇓89.17%	⇓87.95%	⇓87.98%	⇓87.82%	⇓88.07%
E1	⇓93.13%	⇓92.92%	⇓91.14%	⇓90.60%	⇓90.35%	⇓90.15%	⇓90.00%
E4	⇓93.13%	⇓92.93%	⇓91.13%	⇓90.58%	⇓90.33%	⇓90.14%	⇓89.96%
E16	⇓93.25%	⇓92.98%	⇓90.97%	⇓90.46%	⇓90.23%	⇓90.04%	⇓89.90%

注　1. 第一行为 A 工况的钢柱在爆炸条件下的 x 方向水平位移，单位为 cm；

2. 其他各行为各工况相对工况 A 所减少的水平位移的百分比，其中阴影区域为该列位移减少最大值；

3. 负号代表 x 轴负方向。

通过以上数据分析表明，在一固一铰的约束条件下，就钢柱整体的 x 方向水平位移峰值而言，背爆面有防护的工况 D 和工况 E 防护效果相对较好，特别是迎爆面刚柔复合防护的同时背面设置柔性防护的工况 E，抗爆效果最佳。而对复合防护下的防护层进行分块对钢柱的防护效果影响不大，在铰接约束端，反而有轻微下降。在同一种工况下，在离柱底 20cm 的 H656 测点的防护效果最佳，在工况 E16 下，位移峰值减少百分比达到整体的最大值 93.25%；距离越往向上，位移峰值减少比例逐渐降低。

3. 两端铰支带防护钢柱位移响应对比分析

根据 5.3.3 节的位移分析，提取两端铰接钢柱在不同工况下在时间点为 10 050μs 时的位移响应云图进行对比，如图 4.110 所示（位移单位均为 cm）。

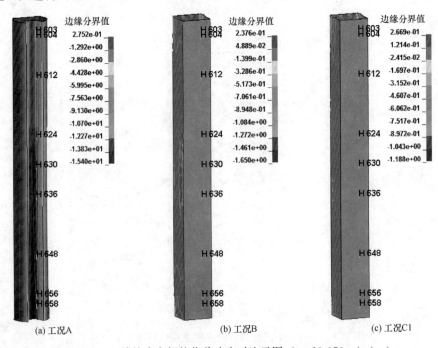

(a) 工况A　　　　　　　　(b) 工况B　　　　　　　　(c) 工况C1

图 4.110　两端铰支方钢柱位移响应对比云图（t＝10 050μs）（一）

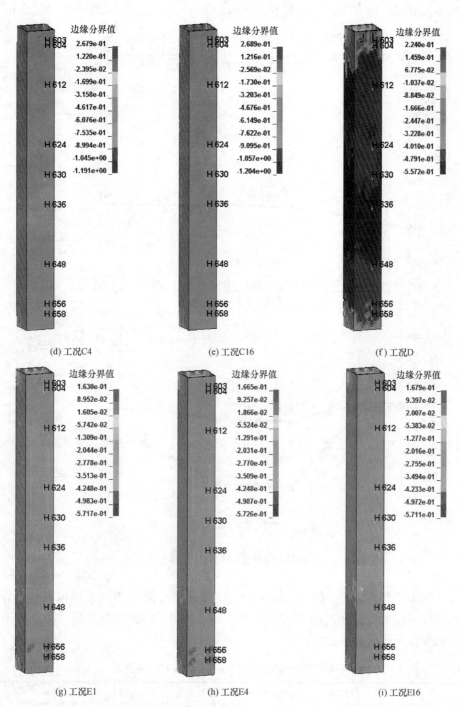

图 4.110 两端铰支方钢柱位移响应对比云图 ($t = 10\,050\mu s$)（二）

提取各工况下钢柱各测点的位移峰值，如图 4.111 所示。从图 4.111 中可以明显看出，两端铰接约束下各种工况的钢柱整体位移峰值变化规律同工况 A，均表现为从柱底到柱顶整体向 x 负方向移动，但有防护措施的钢柱整体位移峰值比工况 A 减少了 10cm 作用。

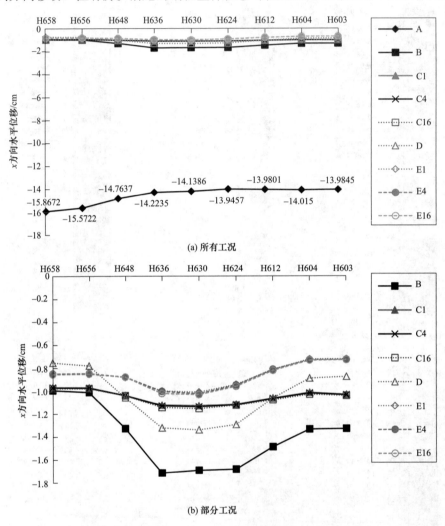

图 4.111　不同防护措施的两铰钢柱位移响应对比分析图

表 4.7 列出了各类有防护的工况相对于工况 A 所减少的 x 方向水平位移的百分比，两端铰接的条件下减少率百分比在 87.95％～95.25％之间，阴影部分为同一测点上不同防护措施位移减少百分比最大值。

表 4.7　　　　　　　不同防护措施的两铰钢柱位移响应对比分析表

工况	H658	H656	H648	H636	H630	H624	H612
A	−15.8672	−15.5722	−14.7637	−14.2235	−14.1386	−13.9457	−13.9801
B	⇓93.74％	⇓93.51％	⇓91.01％	⇓87.95％	⇓88.05％	⇓87.95％	⇓89.37％
C1	⇓93.90％	⇓93.77％	⇓92.97％	⇓92.11％	⇓92.02％	⇓92.00％	⇓92.39％

	H658	H656	H648	H636	H630	H624	H612
C4	↓93.89%	↓93.75%	↓92.96%	↓92.06%	↓91.96%	↓91.97%	↓92.38%
C16	↓93.84%	↓93.72%	↓92.95%	↓91.96%	↓91.84%	↓91.94%	↓92.29%
D	↓95.25%	↓94.99%	↓92.84%	↓90.71%	↓90.54%	↓90.73%	↓92.40%
E1	↓94.65%	↓94.56%	↓94.03%	↓92.97%	↓92.86%	↓93.23%	↓94.19%
E4	↓94.65%	↓94.56%	↓94.05%	↓92.95%	↓92.77%	↓93.20%	↓94.18%
E16	↓94.61%	↓94.53%	↓94.05%	↓92.83%	↓92.71%	↓93.12%	↓94.12%

注 1. 第一行为 A 工况的钢柱在爆炸条件下的 x 方向水平位移，单位为 cm；

2. 其他各行为各工况相对工况 A 所减少的水平位移的百分比，其中阴影区域为该列位移减少最大值；

3. 负号代表 x 轴负方向。

通过以上数据分析表明，在两端铰接的约束条件下，就钢柱整体的 x 方向水平位移峰值而言，与一固一铰钢柱相似，背爆面有防护的工况 D 和工况 E 防护效果相对较好，其中迎爆面刚柔复合防护的同时背面设置柔性防护的工况 E，抗爆效果最佳。而对复合防护下的防护层进行分块对两端铰接的钢柱的防护效果影响也不大，分为 4 块和 16 块的防护层相对应一整块的防护层反而有轻微下降。在同一种工况下，钢柱两端的防护效果最佳，在工况 D 下，位移峰值减少百分比在 H658 测点达到整体的最大值 95.25%；从两端向柱中，位移峰值减少比例逐渐降低。

4. 带防护钢柱柱中位移对比分析

提取不同约束、不同防护措施下的方钢柱的柱中 x 方向位移，即 H630 单元结点的位移随时间的变化，得到不同防护措施的两端固支方钢柱柱中位移时程曲线图、不同防护措施的一固一铰方钢柱柱中位移时程曲线图、不同防护措施的两端铰支方钢柱柱中位移时程曲线图。

（1）两端固支方钢柱柱中位移。不同防护措施的两端固支方钢柱柱中位移时程曲线如图 4.112 所示。

从图 4.112 中可以看出，无防护的两端固支方钢柱柱中位移在 2000μs 左右就呈迅速增长的趋势，虽然在 7000μs 左右略有反弹，但最终仍形成较大的位移，即产生塑性应变，其中，位移最大值在 6500μs 时达到最大值 −12.79cm。

而有各种防护措施的两端固支方钢柱柱中位移不仅峰值比无防护的工况 A 产生的位移小很多，位移的时程曲线也呈现出正弦曲线的规律，位移在 0 附近反复波动，且波峰呈逐渐变小的趋势，负向峰值比正向峰值偏大，其中，最大峰值均出现在第一个峰顶，时间为 3000μs 左右，位移峰值从工况 B 到工况 E16 依次是工况 B（−1.141 74）、工况 C1（−0.830 395）、工况 C4（−0.8423）、工况 C16（−0.843 512）、工况 D（−1.006 14）、工况 E1（−0.779 219）、工况 E4（−0.791 697）、工况 E16（−0.796 322）。可见，工况 E 即迎爆面复合防护的同时背爆面柔性防护的防护措施对钢柱的防护效果最佳。

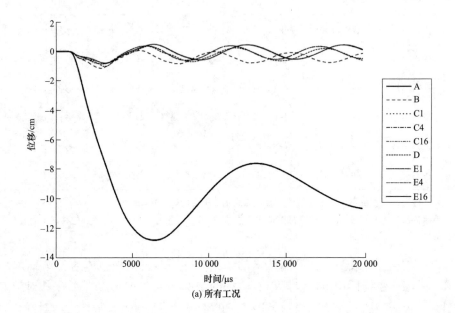

(a) 所有工况

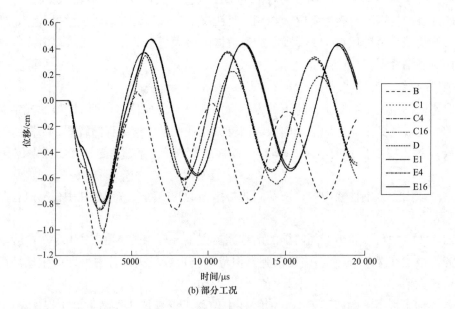

(b) 部分工况

图 4.112　不同防护措施的两端固支方钢柱柱中位移时程曲线

（2）一固一铰方钢柱柱中位移。不同防护措施的一固一铰方钢柱柱中位移时程曲线如图 4.113 所示。

从图 4.113 中可以看出一固一铰约束下无防护的方钢柱柱中位移比两端固支约束下的位移要大，一固一铰约束下无防护的方钢柱柱中测点一开始也是向 x 负向迅速移动，但在

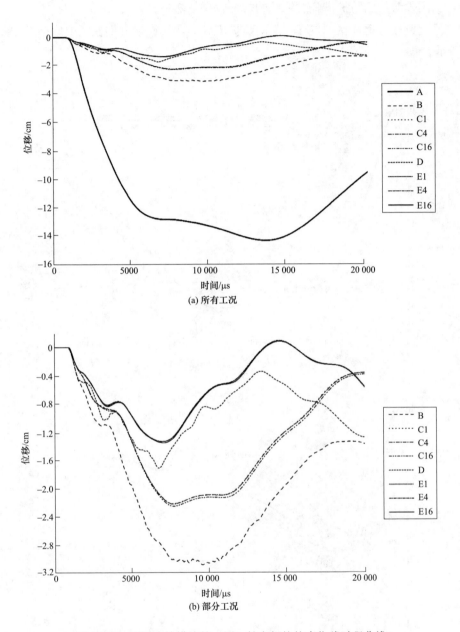

图 4.113　不同防护措施的一固一铰方钢柱柱中位移时程曲线

7000μs 左右并没有开始反弹，仍继续向 x 负向移动，只是速度变缓，直到 13 000μs 左右才开始反弹，位移最大值出现在 13 500μs 时，峰值为 −14.2687cm。

一固一铰约束下有各种防护的方钢柱柱中测点变化趋势同无防护的，但位移值远远小于无防护的，位移峰值从工况 B 到工况 E16 依次是工况 B（−3.09 758）、工况 C1（−2.22 609）、工况 C4（−2.23 211）、工况 C16（−2.26 253）、工况 D（−1.71 952）、工况 E1（−1.34 141）、工况 E4（−1.34 357）、工况 E16（−1.36 123）。可见，对一固一铰约束的钢柱而言，背爆面有防护对抗爆效果的影响较大，其中工况 E 即迎爆面复合防护的同时背爆面柔性防护的防护措施对钢柱的防护效果依然最佳。

（3）两端铰接方钢柱柱中位移。不同防护措施的两端铰接方钢柱柱中位移时程曲线如图 4.114 所示。

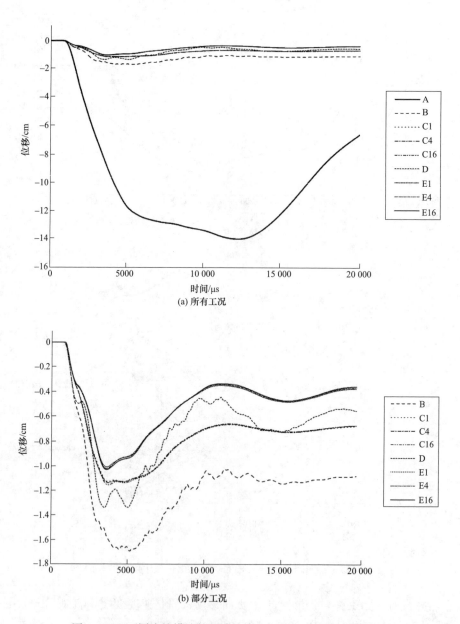

(a) 所有工况

(b) 部分工况

图 4.114　不同防护措施的两端铰接方钢柱柱中位移时程曲线

从图 4.114 中可以看出无论是有防护还是无防护的方钢柱，在两端铰接约束下柱中位移的变化趋势同一固一铰约束下的方钢柱柱中位移变化趋势，即两端铰接约束下无防护的方钢柱柱中位移比也两端固支约束下的位移要大，且方钢柱柱中测点一开始也是向 x 负向迅速移动，但在7000μs左右并没有开始反弹，仍继续向x负向移动，只是速度变缓；不过，两端铰接约束下无防护的方钢柱柱中位移在12 500μs左右开始反弹，位移最大值出现在12 249.6μs时，峰值为-14.1386cm。

两端铰接约束下有各种防护的方钢柱柱中测点变化趋势同一固一铰约束下的方钢柱柱中位移变化趋势，但峰值到达时间提前了5000μs左右，且位移经第一个峰值回落以后便趋于平缓，在12 500μs左右柱中位移值便开始稳定。同样的，有防护的方钢柱柱中位移值远远小于无防护的，位移峰值从工况B到工况E16依次是工况B（$-1.69\,014$）、工况C1（$-1.12\,808$）、工况C4（$-1.13\,704$）、工况C16（$-1.15\,389$）、工况D（$-1.33\,807$）、工况E1（$-1.00\,926$）、工况E4（$-1.02\,282$）、工况E16（$-1.03\,084$）。可见，对一固一铰约束的钢柱而言，工况E即迎爆面复合防护的同时背爆面柔性防护的防护措施对钢柱的防护效果依然最佳。

（4）不同约束方钢柱柱中相对位移δ。为了更好地对比不同约束条件下各防护措施的防护效果，引出柱中相对位移δ的概念，定义柱中x方向最大位移与柱高的比重为柱中相对位移，即

$$\delta = \frac{X_{\max}}{H} \tag{4.4}$$

式中：$X_{\max}$ 为柱中x向最大位移；H 为柱高。

相对位移δ值越大说明柱中发生的x向位移占整个柱高的比例越大。钢材具有良好的延性，一般认为相对位移δ值大于8%时，轻钢柱发生破坏得到不同约束条件下设置了不同防护措施的方钢柱柱中相对位移见表4.8。

表4.8 　　　　　　　不同约束条件下不同防护措施的方钢柱柱中相对位移表

工况	约束形式		
	两端固支	一固一铰	两端铰支
A	4.263%	4.756%	4.713%
B	0.381%	1.033%	0.563%
C1	0.277%	0.742%	0.376%
C4	0.281%	0.744%	0.379%
C16	0.281%	0.754%	0.385%
D	0.335%	0.573%	0.446%
E1	0.260%	0.447%	0.336%
E4	0.264%	0.448%	0.341%
E16	0.265%	0.454%	0.344%

从表 4.8 可以分析得到，两端固支的约束形式是相对最利于抗爆防护的，整体的柱中相对位移值均小于另外两种约束形式的。而同一种约束条件下，工况 E 即迎爆面复合防护的同时背爆面柔性防护的防护措施对钢柱的防护效果始终是最佳的；其次，在两端固支和两端铰支的约束下，是工况 C 即仅迎爆面设置复合防护效果较好，而对一固一铰约束的钢柱而言，是工况 D 即迎爆面柔性防护的同时背爆面也设置柔性防护的防护措施防护效果较好，再次说明背爆面有无防护对一固一铰约束的钢柱的抗爆效果的影响较大。

4.2.4 有效应力对比分析

（1）两端固支带防护钢柱有效应力对比分析。根据 5.3.4 节的有效应力分析，提取两端固支钢柱在不同工况下在时间点为 5000μs 时的有效应力响应云图进行对比，如图 4.115 所示（有效应力单位均为 10^5 MPa）。

提取各工况下两端固支钢柱各测点的有效应力峰值，如图 4.116 所示。考虑应变率效应，取钢材的屈服应力为 3.45×10^2 MPa。通过对各曲线比较可知，钢柱加了防护层以后，柱中各测点有效应力峰值有效减少，两端测点有效应力峰值反而增加，但钢柱整体有效应力峰值相差不大，这是防护层把应力均摊到钢柱迎爆面的结果。

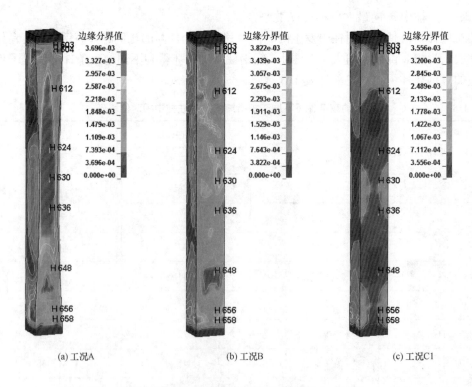

图 4.115 两端固支方钢柱有效应力响应对比云图（$t=5000$μs）（一）

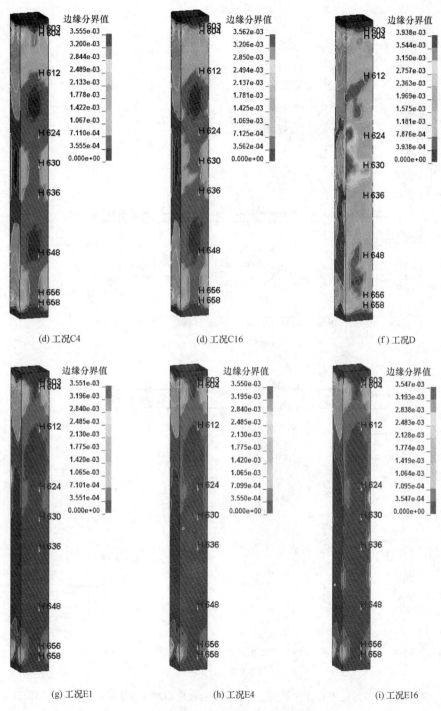

图 4.115 两端固支方钢柱有效应力响应对比云图（$t=5000\mu s$）（二）

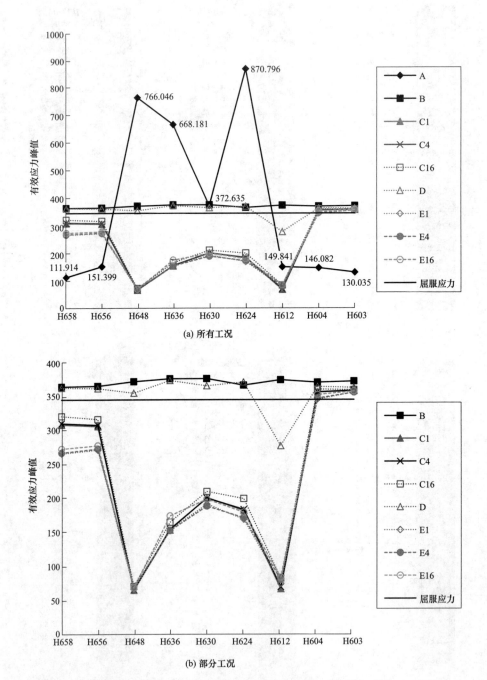

图 4.116　两端固支钢柱在不同防护措施下有效应力对比分析图（单位：10^5 MPa）

　　工况 B~工况 E 相对工况 A 而言,有效应力峰值的变化规律截然相反,工况 B~工况 E 的钢柱柱中测点的有效应力峰值大大降低,其中,工况 B 和工况 D 各测点的有效应力峰值虽相对工况 A 有所降低,但降低率相对较低,各测点的有效应力峰值仍超过钢材的屈服应力,钢柱发生破坏。但工况 B~工况 E 柱两端测点的有效应力峰值却反而增加,且柱顶测点 H604 和 H603 的有效应力峰值基本都达到了屈服应力值。工况 C 和工况 E 各情况下各测点有效应力峰值与屈服应力相比较,屈服情况见表 4.9。分析得到,两端固支钢柱在工况 C 和工况 E 下,柱顶有效应力峰值超出屈服应力的百分比在 5% 以内,符合工程实际标准,其中,工况 E1 和工况 E4 就有效应力而言防护效果最佳。

表 4.9　　　　　　　　两端固支钢柱各测点有效应力峰值与屈服应力对比情况

工况	H658	H656	H648	H636	H630	H624	H612	H604	H603
C1	10.67%	11.34%	81.05%	55.46%	41.71%	47.14%	80.52%	−3.18%	−3.73%
C4	10.14%	10.82%	80.74%	55.08%	41.88%	46.74%	79.71%	−3.27%	−3.87%
C16	7.02%	8.33%	79.41%	52.11%	39.06%	42.12%	75.99%	−4.42%	−4.14%
E1	22.93%	21.32%	80.61%	55.46%	44.43%	50.93%	78.26%	−0.12%	−3.11%
E4	22.57%	20.88%	79.86%	55.68%	45.28%	50.22%	76.63%	−0.58%	−3.05%
E16	20.91%	19.50%	80.02%	49.43%	42.33%	47.91%	75.65%	−2.13%	−3.58%

注　1. 正值表示测点有效应力峰值比屈服应力 $3.45×10^2$ MPa 减少的百分比,反之,负值表示增加的百分比,即负值表示该测点进入屈服状态;
　　2. 阴影区域为该列有效应力峰值减少最大值或增加最小值。

　　(2) 一固一铰带防护钢柱有效应力对比分析。根据 5.3.4 节的有效应力分析,提取一固一铰钢柱在不同工况下在时间点为 5000μs 时的有效应力响应云图进行对比,如图 4.117 所示(有效应力单位均为 10^5 MPa)。

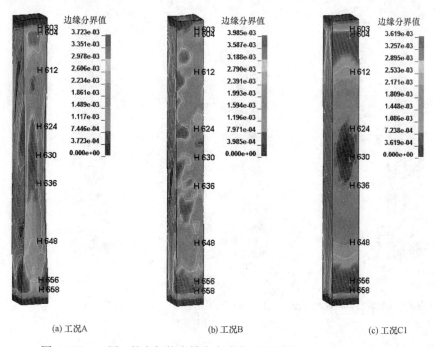

图 4.117　一固一铰方钢柱有效应力响应对比云图 ($t=5000$μs)(一)

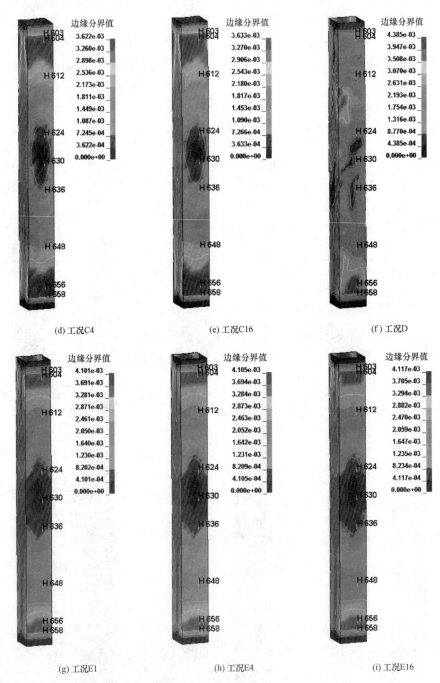

图 4.117　一固一铰方钢柱有效应力响应对比云图（$t=5000\mu s$）（二）

提取各工况下底端固定顶端铰支钢柱各测点的有效应力峰值，如图 4.118 所示。同样，考虑应变率效应，取钢材的屈服应力为 $3.45 \times 10^2 \, \text{MPa}$。

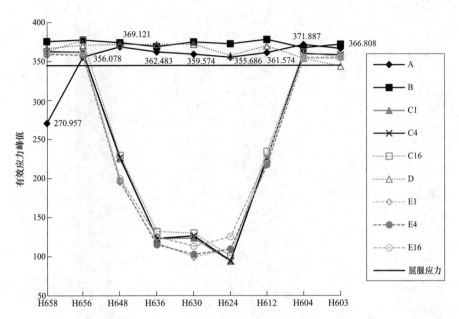

图 4.118　一固一铰钢柱在不同防护措施下有效应力对比分析图（单位：$10^5 \, \text{MPa}$）

从图中可以发现，对底端固定顶端铰支的钢柱而言，仅仅在迎爆面增加柔性防护，钢柱受到的有效应力不但没有减少，反而有所增加；而迎爆面为刚柔复合防护的钢柱，柱中有效应力大大减少，其各测点有效应力峰值与屈服应力相比，情况见表 4.10，柱两端有效应力峰值仍超出屈服应力，但迎爆面复合防护背爆面柔性防护的工况 E 下，钢柱两端有效应力峰值均没超出屈服应力 5%，特别是工况 E1，就有效应力峰值而言，防护效果最好，在柱中测点 H630 处，有效应力峰值仅为屈服应力的 29.84%。

表 4.10　　　　　　　一固一铰钢柱各测点有效应力峰值与屈服应力对比情况

工况	H658	H656	H648	H636	H630	H624	H612	H604	H603
C1	−5.13%	−4.96%	34.62%	64.27%	64.09%	72.70%	34.80%	−4.40%	−3.96%
C4	−5.25%	−5.01%	34.24%	64.23%	63.28%	72.57%	34.38%	−4.40%	−3.97%
C16	−5.27%	−9.40%	33.40%	61.68%	62.28%	70.76%	31.96%	−4.91%	−3.17%
E1	−4.19%	−3.89%	43.39%	65.91%	71.16%	68.14%	37.01%	−2.80%	−2.62%
E4	−4.22%	−3.92%	42.87%	66.56%	70.15%	68.16%	36.83%	−2.95%	−2.77%
E16	−4.82%	−4.94%	41.97%	63.57%	67.15%	63.62%	34.37%	−3.09%	−2.98%

注　1. 正值表示测点有效应力峰值比屈服应力 $3.45 \times 10^2 \, \text{MPa}$ 减少的百分比，反之，负值表示增加的百分比，即负值表示该测点进入屈服状态；
　　2. 阴影区域为该列有效应力峰值减少最大值或增加最小值。

（3）两端铰支带防护钢柱有效应力对比分析。根据5.3.4节的有效应力分析，提取两端铰支钢柱在不同工况下在时间点为5000μs时的有效应力响应云图进行对比，如图4.119所示（有效应力单位均为10^5MPa）。

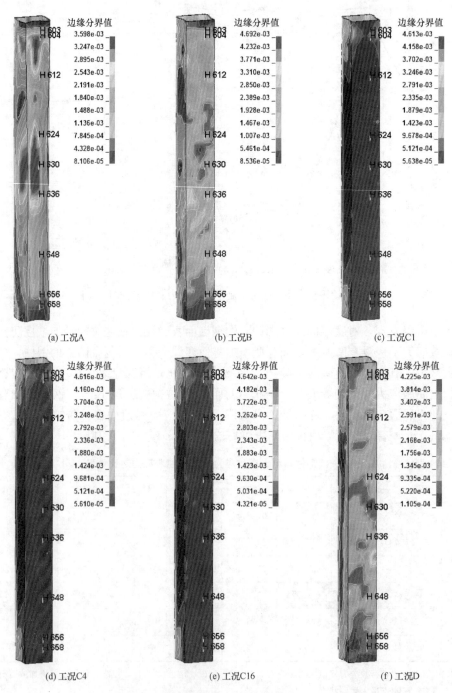

图 4.119　两端铰支方钢柱有效应力响应对比云图（$t=5000\mu s$）（一）

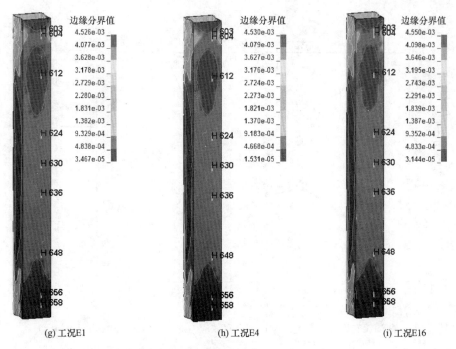

(g) 工况E1　　　　　　　　　(h) 工况E4　　　　　　　　　(i) 工况E16

图 4.119　两端铰支方钢柱有效应力响应对比云图（$t=5000\mu s$）（二）

　　提取各工况下两端铰支钢柱各测点的有效应力峰值，如图 4.120 所示。考虑应变率效应，取钢材的屈服应力为 $3.45\times10^2\,MPa$。

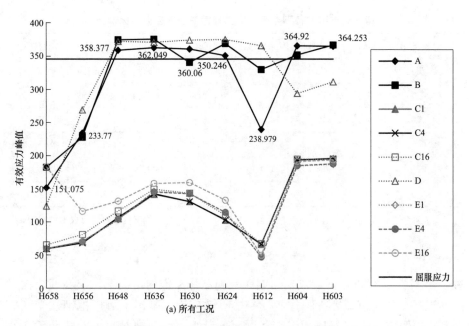

图 4.120　两端铰支钢柱在不同防护措施下有效应力对比分析图（单位：$10^5\,MPa$）（一）

145

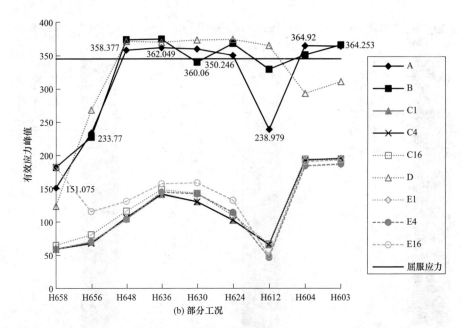

图 4.120　两端铰支钢柱在不同防护措施下有效应力对比分析图（单位：10^5 MPa）（二）

从图 4.120 可以看出，就有效应力而言，柔性防护的工况 B 和工况 D 对两端铰支的钢柱抗爆防护效果不明显，且大部分测点有效应力峰值超过了屈服应力，进入塑性状态。相比之下，带有刚柔复合防护的工况 C 和工况 E 防护效果明显，把有效应力峰值较少到 40～200MPa，各测点有效应力峰值与屈服应力对比情况见表 4.11。

表 4.11　　　　　　　两端铰支钢柱各测点有效应力峰值与屈服应力对比情况

工况	H658	H656	H648	H636	H630	H624	H612	H604	H603
C1	82.78%	79.77%	69.64%	59.09%	62.22%	70.37%	80.93%	43.90%	43.30%
C4	82.85%	80.33%	69.14%	58.82%	62.26%	70.22%	80.85%	44.02%	43.42%
C16	81.17%	76.59%	66.29%	56.87%	58.60%	68.20%	80.61%	43.65%	43.64%
E1	82.90%	79.73%	70.05%	57.80%	58.83%	66.89%	86.41%	46.66%	46.01%
E4	82.93%	79.71%	69.81%	58.05%	58.83%	66.92%	86.44%	46.55%	45.77%
E16	47.07%	66.49%	62.01%	54.33%	53.93%	61.62%	85.69%	44.73%	43.98%

注　1. 正值表示测点有效应力峰值比屈服应力 3.45×10^2 MPa 减少的百分比，反之，负值表示增加的百分比，即负值表示该测点进入屈服状态；

2. 阴影区域为该列有效应力峰值减少最大值或增加最小值。

通过表 4.11 分析可得，两端铰支的钢柱受到爆炸冲击的情况下，仅在迎爆面设置刚柔复合防护即工况 C 便可有效减少钢柱所受到的有效应力，基本上可以把钢柱受到的有效应力峰值控制在屈服应力的 57% 以内，在背爆面再设置柔性防护对减少钢柱受到有效应力的效果不明显。其中，工况 C 下是否对柔性防护层分块，在考虑有效应力的情况下，对钢柱的作用也不大，因此，实际工程中，可根据经济判断选择。

4.2.5　塑性应变对比分析

（1）两端固支带防护钢柱塑性应变对比分析。根据 5.3.5 节的有效塑性应变分析，提取两端固支钢柱在不同工况下在时间点为 20 000 μs 时的有效塑性应变等值云图进行对比，如图 4.121 所示。

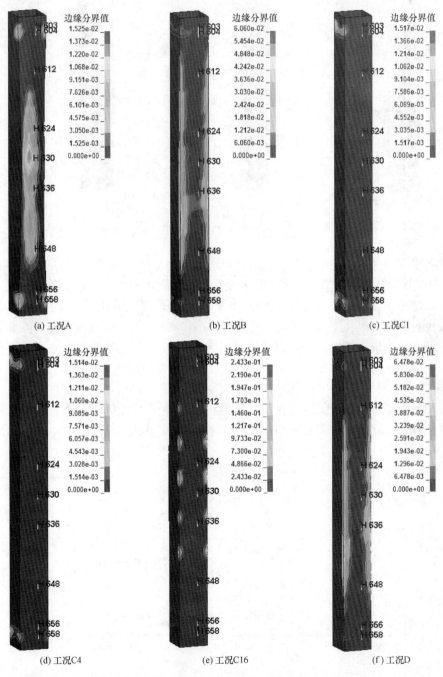

图 4.121　两端固支方钢柱有效塑性应变响应对比云图（$t＝20\ 000\ \mu s$）（一）

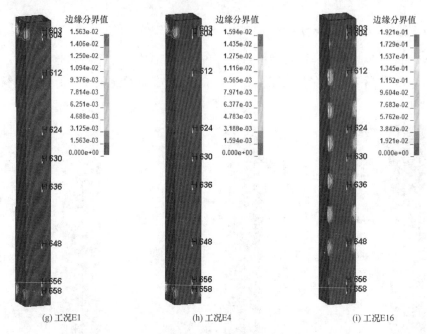

图 4.121 两端固支方钢柱有效塑性应变响应对比云图（$t=20\,000\,\mu s$）（二）

提取各工况下两端固支钢柱各测点的有效塑性应变峰值，如图 4.122 所示。从图中可以看出，9 种工况下的钢柱有效塑性应变峰值变化规律大致可分为三类，一类是工况 A 的有效塑性应变峰值变化规律，表现为柱中测点 H630 有效塑性应变峰值最大，达到 0.013，依次向两端减少，分别在离柱底 20cm 处的测点 H656 和离柱顶 60cm 处的测点 H612 附近达到零，即柱两端还未进入塑性状态；第二类是工况 B 和工况 D 所表现的有效塑性应变峰值变化规律，表现为在爆心的水平测点 H636 处有效塑性应变峰值达到最大值，分别为 0.006 和 0.004，随之也向两端减少，但在测点 H656 和 H612 附近开始增加，使柱两端有了塑性变形，且柱顶有效塑性应变峰值接近柱中峰值值；第三类是工况 C 和 E 所表现的有效塑性应变峰值变化规律，除了在柱顶有少许有效塑性应变以外，其他所有测点单元均未进入塑性状

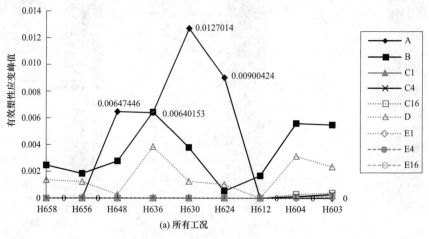

图 4.122 不同防护措施下两端固支钢
柱有效塑性应变对比分析图（一）

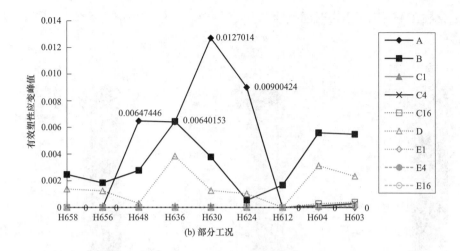

(b) 部分工况

图 4.122　不同防护措施下两端固支钢
柱有效塑性应变对比分析图（二）

态，柱顶有塑性应变峰值规律表现见表 4.12。

表 4.12　　　　　　　　两端固支钢柱柱顶有塑性应变峰值变化规律表

条件	工况	相对于工况	有塑性应变峰值减少率	
			H604	H603
复合防护与柔性防护比较	C1	B	98%	95%
	C4	B	98%	95%
	C16	B	95%	93%
	E1	D	100%	97%
	E4	D	100%	97%
	E16	D	100%	91%
被爆面有防护与被爆面没有防护比较	D	B	44%	57%
	E1	C1	100%	74%
	E4	C4	100%	72%
	E16	C16	100%	46%

　　从表 4.12 可以看出，同等条件下，复合防护的比柔性防护的有塑性应变峰值减少 91%～100%。特别是迎爆面设置复合防护的同时背爆面有柔性防护的工况 E，在测点 H604 附近仍无塑性应变，相对工况 D，有塑性应变峰值减少率为 100%，在测点 603 附近的有塑性应变峰值减少率为 91%～97%。而背爆面有防护与背爆面没有防护相比，两端固支的钢柱柱顶有塑性应变峰值减少率为 44%～100%。通过对比发现，防护层为一整块与防护层分 4 块防护效果相差不大，防护层分 16 块防护效果就有塑性应变峰值而言，稍低于前两种情况，特别是在背爆面有无防护的工况对比时较明显。

（2）一固一铰带防护钢柱塑性应变对比分析。根据 5.3.5 节的有效塑性应变分析，提取一固一铰钢柱在不同工况下在时间点为 20 000μs 时的有效塑性应变等值云图进行对比，如图 4.123 所示。

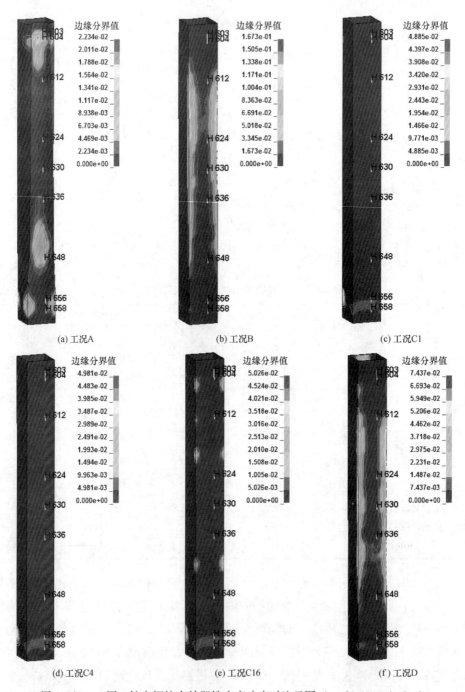

图 4.123　一固一铰方钢柱有效塑性应变响应对比云图（t＝20 000μs）（一）

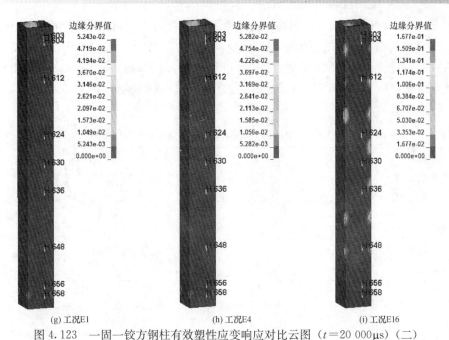

图 4.123 一固一铰方钢柱有效塑性应变响应对比云图（$t = 20\,000\,\mu s$）（二）

提取各工况下一固一铰钢柱各测点的有效塑性应变峰值，如图 4.124 所示。

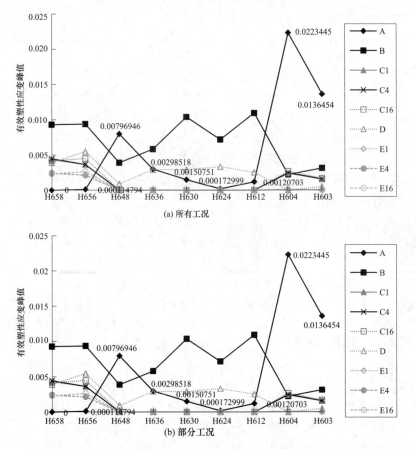

图 4.124 不同防护措施下一固一铰钢柱有效塑性应变对比分析图

建筑结构抗冲击防护新技术

从图 4.124 中可以看出，在一固一铰约束下，加有防护的各工况相对无防护的工况 A 而言，使得钢柱底端所受到的有效塑性应变反而增大，特别是工况 B 和工况 D，对钢柱整体受到的有效塑性应变都略有增大。但在工况 C 和工况 E 的情况下，除钢柱底端测点外其他各测点的有效塑性应变基本趋于 0，因此，重点分析钢柱底端有效塑性应变，一固一铰钢柱柱底有塑性应变峰值变化规律表见表 4.13。

表 4.13　　　　　　　　　一固一铰钢柱柱底有塑性应变峰值变化规律表

条件	工况	相对于工况	有塑性应变峰值减少率	
			H658	H656
复合防护与柔性防护比较	C1	B	53%	61%
	C4	B	52%	61%
	C16	B	55%	52%
	E1	D	39%	61%
	E4	D	37%	61%
	E16	D	41%	52%
被爆面有防护与被爆面没有防护比较	D	B	58%	41%
	E1	C1	45%	42%
	E4	C4	45%	41%
	E16	C16	45%	41%

通过表 4.13 中各工况对柱底端防护效果对比可得，就有效塑性应变而言，迎爆面设置刚柔复合防护的同时背爆面设置柔性防护的工况 E 防护效果最好，相对迎爆面和背爆面仅设置柔性防护的工况 D 而言，有效塑性应变峰值减少百分比最高达到 61%，相对仅迎爆面设置刚柔复合防护的工况 C 最高达 45%。同其他约束一样，对柔性防护进行分块设置对钢柱受到的有效塑性应变的区别不大。

(3) 两端铰支带防护钢柱塑性应变对比分析。根据 5.3.5 节的有效塑性应变分析，提取两端铰支钢柱在不同工况下在时间点为 20 000 μs 时的有效塑性应变等值云图进行对比，如图 4.125 所示。

提取各工况下两端铰支钢柱各测点的有效塑性应变峰值，如图 4.126 所示。

从图 4.126 中可以明显看出，在两端铰接的约束条件下，仅设有柔性防护措施的工况 B 和工况 D 反而增加钢柱的有效塑性应变，而设置复合防护的工况 C 和工况 E 使钢柱整体的有效塑性应变为 0，即在计算时间内，钢柱仍保持弹性状态，未产生有效塑性应变。

4.2.6　分析结果

本节在 4.2.6 的基础上，提出对方钢柱迎爆面设置刚柔复合防护且背爆面设置柔性防护的防护措施，并通过对比分析不同约束下的方钢柱，在不同防护措施下的位移、有效应力和有效塑性应变的时程反应，来研究其抗爆防护性能，主要结论如下：

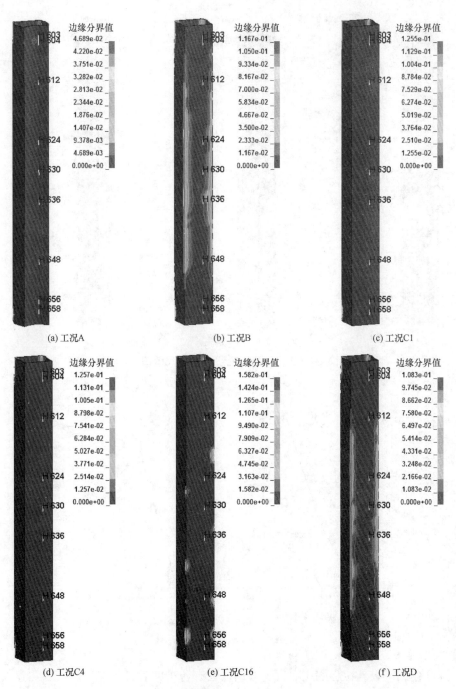

图 4.125　两端铰支方钢柱有效塑性应变响应对比云图（$t = 20\,000\mu s$）（一）

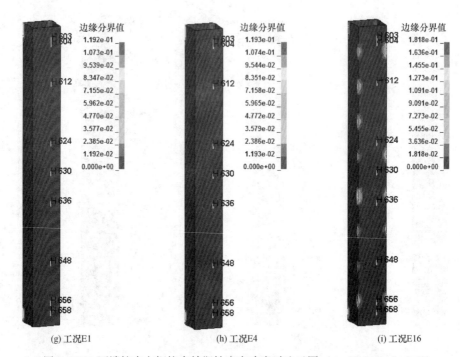

(g) 工况E1　　　　　　　(h) 工况E4　　　　　　　(i) 工况E16

图 4.125　两端铰支方钢柱有效塑性应变响应对比云图（$t = 20\,000\mu s$）（二）

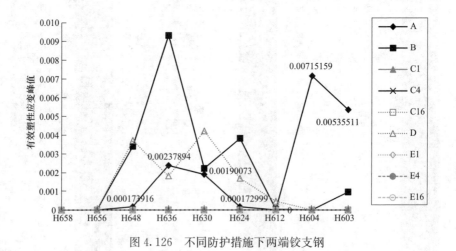

图 4.126　不同防护措施下两端铰支钢
柱有效塑性应变对比分析图

　　1）爆炸作用下，就位移响应而言，方钢柱在有防护的各种工况下，其各测点的 x 方向水平位移峰值远远小于无防护的工况 A，特别是迎爆面刚柔复合防护的同时背面设置柔性防护的工况 E，抗爆效果最佳；但防护层的分块数就位移而言，均对钢柱的防护效果区别不大。

　　2）通过对不同防护措施下方钢柱在爆炸作用下的有效应力和有效塑性应变模拟分析发

现，仅加了柔性防护后的方钢柱抗爆性能就并不优于无防护的方钢柱，在某些部位，特别是柱顶和柱顶，反而更容易屈服。

3）迎爆面设置刚柔复合防护和迎爆面刚柔复合防护的同时背面设置柔性防护都能对方钢柱起到较好的抗爆防护效果，在本章模拟的爆炸冲击波下，基本可以使方钢柱保持弹性状态。

4）复合防护下，防护层的分块对方钢柱的抗爆效果区别不大，相对来说 1 整块和分 4 块的防护层防护效果最佳，分 16 块次之。

5 复合防护钢筋混凝土梁的抗撞性能研究

传统结构构件设计较少考虑碰撞效应，因此有可能因碰撞载荷而引起严重的冲击破坏。本章拟针对钢筋混凝土梁采用不同的防护措施，通过数值模拟评估分析对应的抗撞性能。同时，验证前期提出的阵列式刚柔复合防护体系的相对优劣性。在数值模拟的过程中，分别考虑了无防护、刚性防护、柔性防护和刚柔复合防护四种不同的措施以及两端固支、两端铰支和一固一铰三种不同的梁端约束形式。对于不同约束形式，即使同一种防护措施，待考察的钢筋混凝土梁内力和变形情况以及抗撞效果均可能有所不同。通过观测钢筋混凝土梁的应变、位移、加速度和冲击力等参数，可评价相应的抗撞效果。

5.1 有 限 元 建 模

首先计算模型中选取待模拟的钢筋混凝土梁长为1700mm，宽为95mm，高为160mm。在梁的基本尺寸确定之后，刚性层选用钢板模拟，长、宽和厚度分别取200mm、95mm和10mm；考虑到落锤和钢筋混凝土梁的形状以及尺寸的局限性，柔性层选取长300mm、宽95mm和厚度为10mm的一橡胶块模拟；落锤采取长方体形式，冲击接触面是边长为220mm的正方形，高度小于其余两维尺寸，取为175mm，主要考虑降低落锤重心，其重量为65kg。碰撞模拟过程采用ANSYS/LS-DYNA进行。

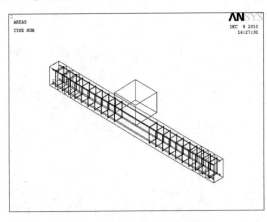

图5.1 钢筋混凝土梁分析模型

计算中钢板、落锤均为钢制构件，选取各向同性的弹性模型，而受拉/压钢筋和箍筋则采用双线性随动硬化材料模型；未来变形主要集中在橡胶层，采用模拟橡胶的经典Blatz-Ko非线性模型；混凝土采用考虑动态损伤的HJC模型，可反映冲击效应对本构模型的影响。除钢筋需要选用LINK160杆单元模拟以外，前述其余构件均用SOLID164实体单元进行实体划分。钢材密度取为$7.85 \times 10^3 \text{kg/m}^3$，弹性模量、屈服强度分别为210GPa和375MPa，泊松比取为0.3；混凝土密度为$2.4 \times 10^3 \text{kg/m}^3$，剪切模量取为14.5GPa，泊松比取为0.2；橡胶密度取为$1.15 \times 10^3 \text{kg/m}^3$，剪切模量取为1.04Pa，泊松比取为0.46。采用ANSYS/LS-DYNA模块进行分析计算，建立的几何模型图5.1所示。

5.2 两端固支梁

冲击载荷情况下梁的变形可以通过应变和位移进行考察，梁的纵向应变参见图 5.2 所示。根据碰撞过程中的应变云图，可以发现各种防护措施下最大拉应变和最大压应变保持在同一数量级。裸梁和刚性防护措施下，观测梁的大应变区域主要出现在碰撞位置附近，压应变峰值对应跨中上表面，拉应变峰值出现在跨中下表面。柔性和刚柔复合防护措施下，总体上大应变区域仍出现在跨中附近，但应变峰值位置迁移到近支座位置。

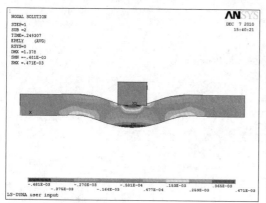

(a) 裸梁

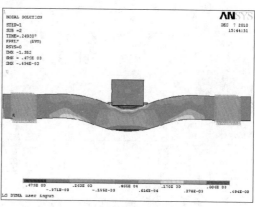

(b) 刚性防护梁

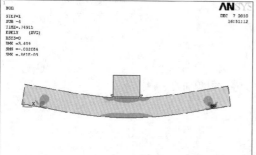

(c) 柔性防护梁

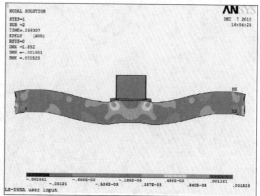

(d) 复合防护梁

图 5.2 两端固支梁应变分布图

在应变分析的基础上，针对裸梁、刚性防护、柔性防护和复合防护梁可分别提取冲击力、位移和加速度时程曲线，如图 5.3～图 5.5 所示。整个碰撞过程持续时间极短，约为 5ms。冲击力和加速度时程曲线存在数个循环，而位移时程曲线变化趋势则比较简单，先上升后衰减，仅在尾部略有变化。

关于两端固定约束下钢筋混凝土梁对应不同防护措施的效果进一步统计参见表 5.1。表 5.1 中分别给出了对应裸梁、刚性防护、柔性防护和复合防护措施下冲击力、位移和加速度的峰值，括号内的数值为各种防护措施下相对于裸梁的冲击响应减少百分率。按照冲击力指

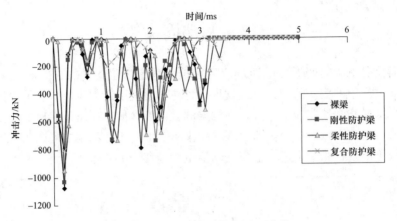

图 5.3　两端固支梁冲击力时程曲线

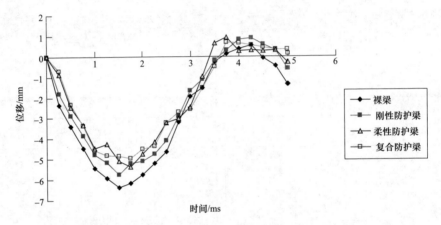

图 5.4　两端固支梁位移时程曲线

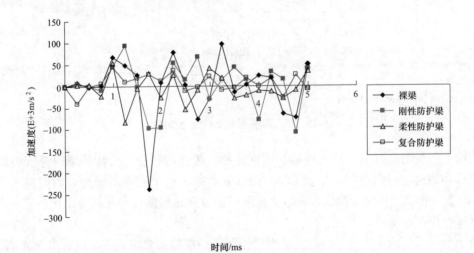

图 5.5　两端固支梁加速度时程曲线

标，三种措施下的防护效果对比值为复合防护：柔性防护：刚性防护＝6.38：2.11：1。观测梁的位移和加速度反应与冲击力是直接关联的，刚性防护、柔性防护和复合防护对梁均有一定的防护效果，其中复合防护效果最好，柔性防护次之。

表 5.1 　两端固支梁冲击相应

工况	冲击力/kN	位移/mm	加速度/(mm·ms^{-2})
裸梁	1075.83	6.39	237.54
刚性防护	1032.76 (4.0%)	5.77 (9.7%)	92.14 (59.1%)
柔性防护	945.53 (12.1%)	5.37 (16.0%)	82.88 (65.1%)
复合防护	801.23 (25.5%)	4.96 (22.4%)	41.03 (82.7%)

5.3　两端铰支梁

两端铰支梁的冲击应变参见图 5.6。与两端固支梁类似的是，在碰撞位置附近仍存在大应变集中区域；不同的是，应变突变性不如前者显著。

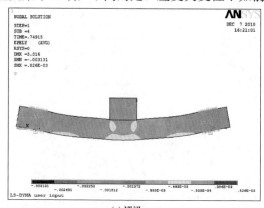

(a) 裸梁　　(b) 刚性防护梁
(c) 柔性防护梁　　(d) 复合防护梁

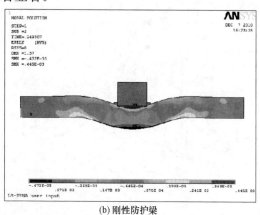

图 5.6　两端铰支梁应变分布图

在应变分析的基础上，针对裸梁、刚性防护、柔性防护和复合防护梁可分别提取冲击力、位移和加速度时程曲线，如图5.7～图5.9所示。

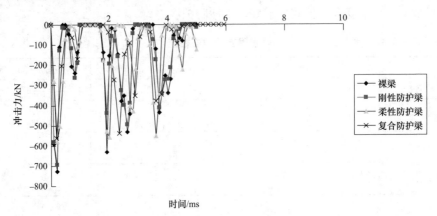

图 5.7 两端铰支梁冲击力时程曲线

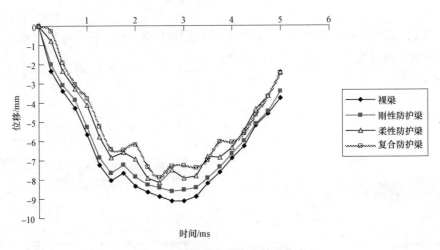

图 5.8 两端铰支梁位移时程曲线

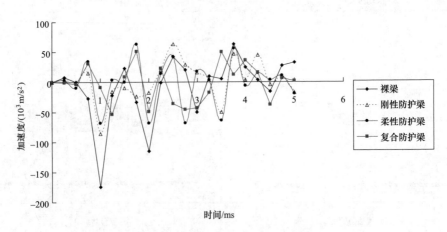

图 5.9 两端铰支梁加速度时程曲线

表 5.2 中分别给出了对应裸梁、刚性防护、柔性防护和复合防护措施下冲击力、位移和加速度的峰值，括号内的数值为各种防护措施下相对于裸梁的冲击响应减少百分率。按照冲击力指标，三种措施下的防护效果对比值为复合防护∶柔性防护∶刚性防护＝4.98∶1.12∶1；按照位移指标，防护效果对比值为复合防护∶柔性防护∶刚性防护＝2.44∶1.95∶1；按照加速度指标，防护效果对比值为复合防护∶柔性防护∶刚性防护＝1.36∶1.2∶1。

表 5.2　　　　　　　　　　　　　　　两端铰支梁冲击响应

工况	冲击力/kN	位移/mm	加速度/(mm·ms^{-2})
裸梁	727.12	9.12	174.32
刚性防护	693.60	8.62	85.78
	(4.6%)	(5.5%)	(50.8%)
柔性防护	578.73	8.14	67.99
	(20.4%)	(10.7%)	(61.0%)
复合防护	560.23	7.90	53.68
	(23.0%)	(13.4%)	(69.2%)

5.4　一固一铰梁

一固一铰梁的碰撞应变参见图 5.10，在碰撞位置附近也存在大应变集中区域。根据约束情况，应变情况应介于前二者之间。

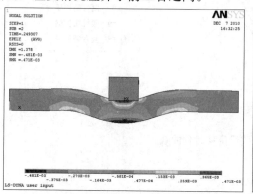

(a) 裸梁

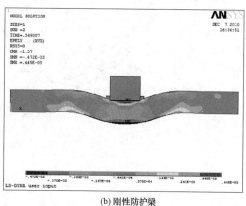

(b) 刚性防护梁

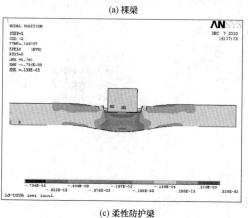

(c) 柔性防护梁

(d) 复合防护梁

图 5.10　一固一铰梁应变图

在应变分析的基础上，针对裸梁、刚性防护、柔性防护和复合防护梁可分别提取冲击力、位移和加速度时程曲线，如图 5.11～图 5.13 所示。

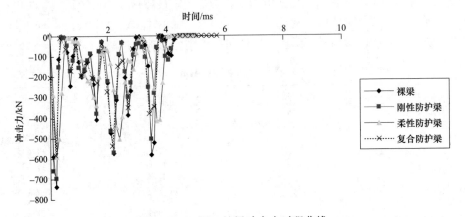

图 5.11　一固一铰梁冲击力时程曲线

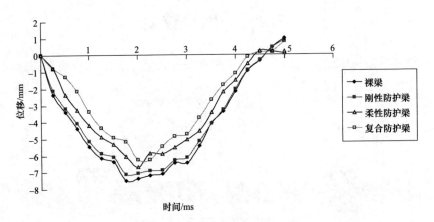

图 5.12　一固一铰梁位移时程曲线

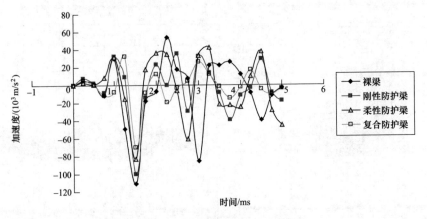

图 5.13　一固一铰梁加速度时程曲线

表 5.3 中分别给出了对应裸梁、刚性防护、柔性防护和复合防护措施下冲击力、位移和加速度的峰值，括号内的数值为各种防护措施下相对于裸梁的冲击响应减少百分率。按照冲击力指标，三种措施下的防护效果对比值为复合防护：柔性防护：刚性防护＝3.89：1.07：1；按照位移指标，防护效果对比值为复合防护：柔性防护：刚性防护＝3.48：2.25：1；按照加速度指标，防护效果对比值为复合防护：柔性防护：刚性防护＝3.81：2.60：1。

表 5.3 一固一铰梁冲击响应

工况	冲击力/kN	位移/mm	加速度/(mm·ms⁻²)
裸梁	737.72	7.48	110.89
刚性防护	697.40 (5.5%)	7.12 (4.8%)	100.21 (9.6%)
柔性防护	591.23 (19.9%)	6.67 (10.8%)	83.21 (25.0%)
复合防护	580.79 (21.3%)	6.23 (16.7%)	70.25 (36.6%)

6 复合防护钢梁的抗撞性能研究

　　本章主要研究焊接箱形钢梁在不同约束条件下受落锤冲击时的动态响应过程，采用 ANSYS/LS-DYNA 软件进行有限元数值分析。对钢梁在两端固支、一铰一固、两端铰支三种约束条件下受侧向落锤冲击时的应力场、应变场、变形图，加速度、速度、冲击力时程等进行了分析和总结。钢梁侧向冲击示意图如图 6.1 所示。箱形钢梁的整体尺寸为 1700mm×160mm×95mm，钢梁材质为 Q235，截面尺寸如图 6.2 所示。钢板几何尺寸为 300mm×95mm×10mm，橡胶板几何尺寸为 300mm×95mm×10mm，落锤的几何尺寸为 220mm×220mm×175mm，重量为 65kg。

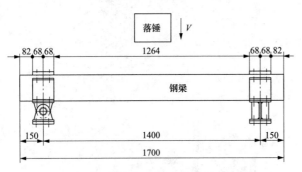

图 6.1　梁的侧向冲击示意图（单位：mm）

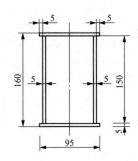

图 6.2　箱形梁截面图（单位：mm）

6.1　计算模型与参数

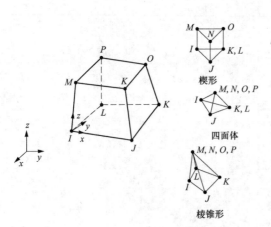

图 6.3　SOLID164 单元图

　　模型共分为四个部分，分别为钢梁、钢板、橡胶板、落锤。

6.1.1　定义单元类型

　　箱形钢梁受落锤冲击时，钢梁、落锤，钢板和橡胶板采用单元类型为 SOLID164，如图 6.3 所示。SOLID164 是用于三维的显式结构实体单元，只能用在动力显式分析，它支持所有许可的非线性特性。

6.1.2　定义材料模型

　　在撞击等动力载荷作用下，材料的力学

特性与准静态载荷作用下有本质区别。材料动力加载试验表明，随应变速率的提高，材料内部发生了一系列物理化学变化，其力学特性主要表现在应力应变关系更为复杂，一些特征参数，例如强度、延性、弹性模量、阻尼比等均有不同程度的变化。在建筑结构抗震设计规范中，常采用增大材料屈服强度（或极限强度）的方法来考虑材料的应变率效应，但是该方法分析结果与实际情况有较大差别，所以在对结构进行抗冲击分析时，必须采用考虑材料应变率效应的本构模型。

本章研究中钢梁为随动塑性（应变率相关）材料模型，该模型是各向同性、随动硬化或各向同性和随动硬化的混合模型，且与应变率有关，可考虑失效。通过在 0（仅随动硬化）和 1（仅各向同性硬化）间调整硬化参数 β 来选择各向同性或随动硬化。应变率用 Cowper-Symonds 模型来考虑，用与应变率有关的因数表示屈服应力 σ_y，即

$$\sigma_y \left[1 + \left(\frac{\varepsilon}{c} \right)^{\frac{1}{p}} \right] (\sigma_0 + \beta E_p \varepsilon_p^{\text{eff}}) \tag{6.1}$$

$$E_p = \frac{E_{\text{tan}} E}{E - E_{\text{tan}}} \tag{6.2}$$

式中：σ_0 为初始屈服应力；ε 为应变率；c、p 为应变率参数；$\varepsilon_p^{\text{eff}}$ 为有效塑性应变；E_p 为塑性硬化模量；E 为弹性模量；E_{tan} 为切线模量。

定义该模型是需要输入的参数包括：弹性模量，密度、泊松比、屈服强度和切线模量。参考 Symonds 的文献，对低碳钢，取 $c = 0.04\text{ms}^{-1}$，$p = 5$，切线模量为 1GPa。

钢板、冲击头、落锤选择的材料类型为各向同性（isotropic）弹性模型，橡胶板材料类型为 Blatz-Ko 橡胶非线性弹性模型。

Blatz-Ko 橡胶是由 Blatz 和 Ko 定义的超弹性橡胶模型，该模型使用第二类 Piola-Kirchoff 应力。

$$S_{ij} = G \left[\frac{1}{V} C_{ij} - V^{\left(\frac{1}{1-2\nu} \right)} \delta_{ij} \right] \tag{6.3}$$

式中：G 为剪切模量；V 为相对体积；ν 为泊松比；C_{ij} 为右柯西-格林应变张量；δ_{ij} 为克罗内克 δ 函数。

当剪切模量作为仅有的材料性质定义时，就能使用这种材料模型，泊松比会自动定义为 0.463。

模型计算所需要的力学参数见表 6.1，所用的国际单位制为 kg-mm-ms 单位制。

表 6.1　　　　　　　　　　　　　　　　钢梁模型计算基本力学参数

材料	弹性模量/GPa	剪切模量/GPa	泊松比	密度/(kg/mm³)
钢梁	210	—	0.3	7.85×10^{-6}
落锤，冲击头	210	—	0.3	7.85×10^{-6}
钢板	210	—	0.3	7.85×10^{-6}
橡胶板	—	1.04	—	1.15×10^{-6}

6.1.3　建立实体模型

ANSYS/LS-DYNA 模块中创建模型的三种方式：中创建实体模型、直接生成法直接生

成有限元模型和输入在计算机辅助设计（computer aided design，CAD）系统中创建的模型。比较各类建模的方法，本章对单根构件进行建模，采取了实体建模的方法。这种方式需要描述模型的几何边界，建立对单元大小及形状的控制，然后令 ANSYS/LS-DYNA 程序自动生成所有的节点和单元。优点是对于大模型而言比较方便，便于施加载荷。缺点是有时需要大量 CPU 处理时间，在某些条件下，程序不能生成有限元网格。有限元单元的选取是有限元分析的关键之一，其决定有限元解答的收敛性与近似程度。本章钢梁的腹板和翼缘、落锤、防护所用钢板和橡胶板均采用 SOLID164 实体单元。

定义网格生成控制，ANSYS/LS-DYNA 程序提供了大量的网格生成控制，可以按需要选择。选择自由网格还是映射网格，则根据模型的实际要求，自由网格对于单元形状无限制，映射网格对于包含的单元形状有限制，而且必须满足特定的规则，映射面网格只包含四边形或三角形单元，而映射体网格只包含六面体单元。本章采用映射体网格划分来提高计算精度。

（1）钢梁模型划分。根据钢梁的约束形式，用工作平面切分几何模型，最后用布尔操作中的 GLUE 命令将所有图元黏接。工作平面间距依次为 82mm，68mm，68mm，1264mm，68mm，68mm，82mm，建立的钢梁几何模型如图 6.4 所示。对建好的几何模型采用映射网格方法，单元尺寸为 5mm。

（2）落锤、钢板，橡胶板模型划分。对于落锤、钢板橡胶板，根据所选材料模型，采用映射网格划分方式，单元尺寸为 10mm，如图 6.5 所示。

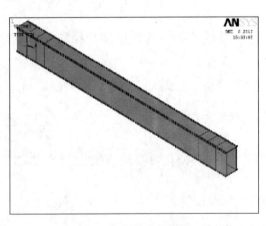

图 6.4　钢梁几何模型

落锤

钢板或橡胶板

图 6.5　落锤、钢板或橡胶板的几何模型

6.1.4　定义组件，定义接触

组件 Component 与组件 PART 是 ANSYS/LS-DYNA 中两个很重要的概念，很多操作，如加载，定义接触，定义初始速度等都与它们有密切的关系。组件 Component 是一些对象实体（如节点、单元、几何实体等）的集合。定义组件的一个很突出的优点就是在分析设置中只需把相应设置（如加载）加到组件，从而避免逐个进行操作。在 ANSYS/LS-DYNA 中许多命令都是与组件 PART 直接相关，如定义接触界面、加载等。组件 PART 是一个具有唯一单元类型号、实常数号和材料号组成的集合。可以定义一个或多个 PART。

本章中定义的组件：梁的所有节点组成组件 BEAM，锤的所有节点组成组件 HAMMER，钢板所有节点组成组件 GANGBAN，橡胶板所有节点组成组件 RUBBER。

在有些隐式有限元分析程序中，运动物体之间的接触作用是用接触单元模拟的。但在 LS-DYNA 程序中，没有接触单元，只要定义可能的接触表面，它们之间的接触类型，以及与接触的一些常数，在程序计算过程中就能保证接触界面之间不发生穿透，并在接触界面有相对运动时考虑摩擦力的作用。

本章中对组件根据目标面和接触面定义接触类型为点面接触（automatic nodes to surface，ANTS），如目标面为 BEAM，接触面为 HAMMER，GANGBAN，RUBBER 等。

6.1.5 施加约束及初始条件

本章中选取箱形梁的节点施加约束，约束类型有固支和铰支。对箱形梁，固支时选取约束面上的节点，限制其 x，y，z 方向上的位移为 0。铰支时，选取梁的底面支座中心线上节点，限制其 x，y，z 方向上的位移为 0；其余约束面上的节点限制其 z 方向上的位移为 0，x，y 方向不受约束。

在瞬态动力学问题中，经常需要定义系统的初始状态，如初速度等。本章建立模型时，不考虑落锤的自由落体过程，初始状态时，使落锤与试件恰好接触，根据设计的落锤冲击试验台，则落锤的速度通过 $v = \sqrt{2gh}$ 换算得到，初速度为 6.3mm/ms。

6.1.6 加载及求解

与大多数隐式分析不同，在显式动力分析问题中，载荷必然是与时间相关的。出于这种原因，在 ANSYS/LS-DYNA 中加载是通过使用一对数组参数来实现的，一个对应于时间，另一个对应于载荷条件，中间时间点的载荷值通过线性插值来获得。在 ANSYS/LS-DYNA 中，所有的加载都是在一个载荷步中完成的，这样做便于操作者可以观察到在这段时间内结构在所施加载荷下的瞬态力学行为。

对模型施加载荷遵循下列步骤：①定义模型中作为组元来承受载荷的部分，本模型承受载荷的部分为落锤，定义落锤的所有节点组成组件，命名为"hammer"；②定义包括时间间隔和载荷数据的数组参数；③定义载荷曲线；④加载。在本次模拟试验中，施加在模型上的载荷只有作用在落锤上的重力加速度 ACLY，加速度为 $9.806e^{-3}\text{mm/ms}^2$。

当建立好有限元模型，完成接触界面定义、约束、载荷和初始条件设定以后，在开始求解之前，还需要设置求解控制参数。本章结果文件输出类型为 ANSYS 和 LS-DYNA；结果文件输出步数：二进制结果文件输出步数为 20，时间历程文件输出步数为 50，重启动文件输出步数为 1。设定求解结束时间，同时要输出 ASCⅡ文件，用于后处理时输出冲击力。

6.2　有限元模拟结果与分析

后处理采用利弗莫尔软件技术公司（Livermore Software Technology Corporation，LSTC）的 LS-PREPOST 软件和 ANSYS 相结合的方法，提取相关应力场、应变场及时程曲线，分析约束形式及各种防护措施对梁的动态响应影响。

6.2.1　梁两端固支时模拟结果与分析

（1）模拟变形分析。试件在受到外界冲击物突加载荷作用时，冲击的作用时间很短，冲击的能量来不及扩散冲击就结束了，和静力相比虽然挠度峰值较大，但是其影响范围却小，此外的区域变形很小。

图 6.6 表示了钢梁局部变形沿轴向的分布情况，从图中可看出，梁的变形主要集中在冲击点附近，且梁的上翼缘产生严重的弯折现象。柔性防护梁和复合防护梁的跨中和支座处变形均比裸梁的变形小。

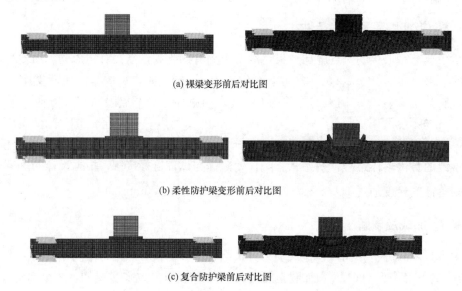

(a) 裸梁变形前后对比图

(b) 柔性防护梁变形前后对比图

(c) 复合防护梁前后对比图

图 6.6　钢梁跨中冲击部位局部变形图

（2）模拟应力分析。从图 6.7 可看出：钢梁在固支约束下，受到冲击时，其应力分布比较集中，在冲击部位应力最大，其次是支座部位的应力。支座和冲击部分范围内，应变由跨中向支座的范围内骤减。这是由于当钢梁受到冲击作用时，由于局部应力很大，在冲击部位落锤冲击梁使梁翼缘产生隆起，应力增大。钢梁试件在外力的冲击作用下，应力分布呈现出与静力不同特点。在静力作用下，当钢梁受到外力的作用时，下部受拉，上部受压，其横截面上的应力应符合正截面假定，即试件顶部和底部的应力相等。但在冲击作用下，试件上应力的分布呈现出比较复杂的情况，试件的应力分布并不均匀，而且应力分布的规律性不强，在不同的冲击速度或能量下，应力分布的最大区域集中在试件的顶部冲击点两侧，有防护措施时的梁的应力最大值的区域变小，而且区域逐渐向冲击点的位置移动。

（3）模拟应变分析。从图 6.8 可看出：不同防护措施下钢梁的应变在不同的位置变化很大，钢梁是对称的构件，冲击块作用在梁的中心，所以冲击点左右两侧的应力应相同的。通过以上图形对比可以看出，底面中线的应变和顶部中线的应变曲线形状比较相似，方向相反。钢梁应变在冲击点最大，这主要是由于在冲击作用下，钢梁变形以受弯变形为主，而剪切变形相对较弱。试件在受到侧向冲击作用时，局部应变小于整体应变，在试件达到极限状态时，底部最先破坏并以底部应变达到极限应变作为试件的极限状态。

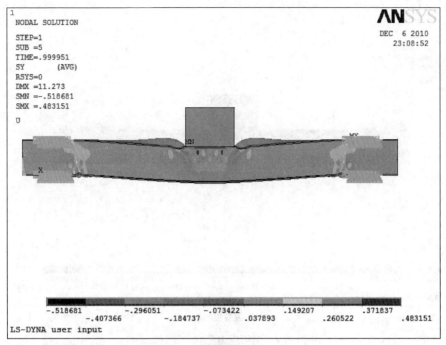

(a) 裸梁

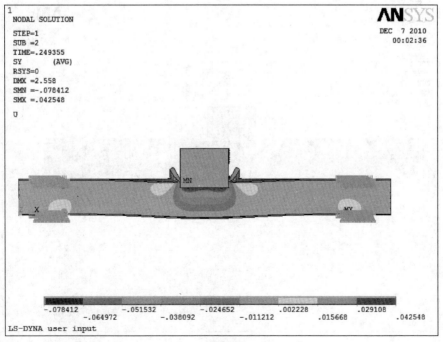

(b) 柔性防护梁

图 6.7 钢梁应力分布云图（一）

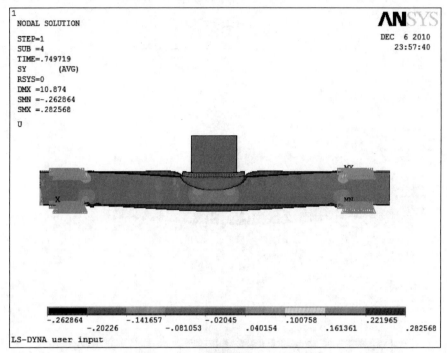

(c) 复合防护梁

图 6.7 钢梁应力分布云图（二）

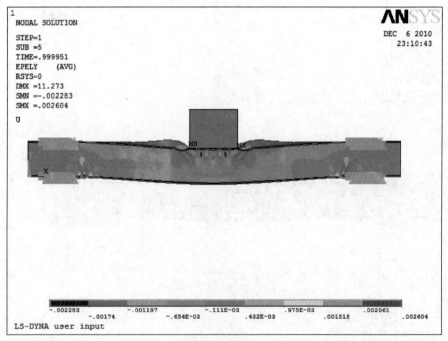

(a) 裸梁

图 6.8 钢梁应变分布云图（一）

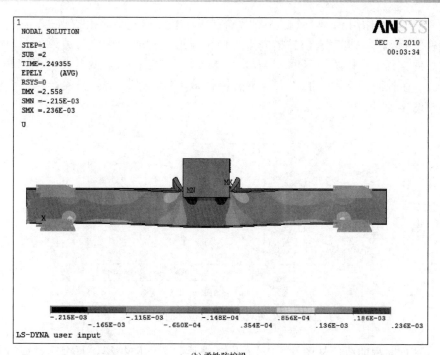

(b) 柔性防护梁

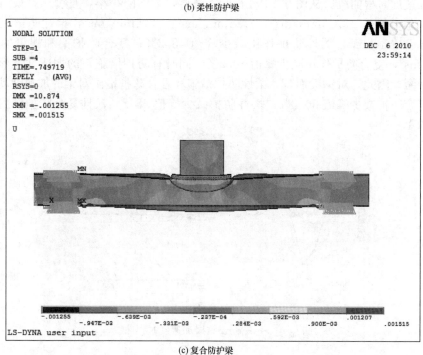

(c) 复合防护梁

图 6.8 钢梁应变分布云图 (二)

（4）位移时程曲线。从图 6.9 中可看出，试件在经历了最大变形后，在卸载阶段其弹性变形得到了恢复，且有防护措施时的最大位移比裸梁小，复合防护梁比柔性防护梁的最大位移小。裸梁，柔性防护梁，复合防护梁所对应向下的位移峰值分别为 2.61mm，1.92mm，1.70mm，对应的时刻分别为 1.5ms，2.25ms，3.50ms。柔性防护梁和裸梁的峰值相差

0.69mm，柔性防护作用减少峰值 26％；复合防护梁和裸梁的峰值相差 0.91mm，复合防护作用减少峰值 34.9％。同时有防护措施下的位移波形比无防护措施时波形平缓，达到峰值的时间也滞后，其中柔性防护滞后 0.42ms，复合防护滞后 2ms，两者相差 1.58ms。因此，对钢梁而言，柔性防护减少峰值 26％，复合防护减少峰值 34.9％，且复合防护作用约为柔性防护作用的 1.34 倍。

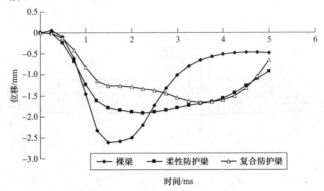

图 6.9　两端固支钢梁位移时程曲线

（5）加速度时程曲线。从图 6.10 可看出，裸梁，柔性防护梁，复合防护梁所对应向下的加速度峰值分别为 13.93mm/ms²，7.21mm/ms²，2.76mm/ms²，柔性防护梁和裸梁的峰值相差 6.72mm/ms²，柔性防护作用减少峰值 48.2％；复合防护梁和裸梁的峰值相差 11.17mm/ms²，复合防护作用减少峰值 80.2％。同时有防护措施下的加速度波形比无防护措施波形平缓。因此，对钢梁而言，柔性防护措施和复合防护措施对梁的加速度动力响应影响显著，复合防护减少峰值 80.2％，柔性防护减少峰值 48.2％，且复合防护作用约为柔性防护作用的 1.66 倍。

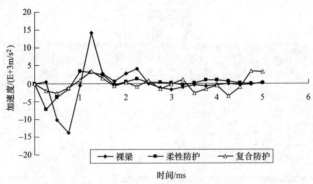

图 6.10　两端固支钢梁加速度时程曲线

（6）速度时程曲线。从图 6.11 可看出，有防护措施时的速度峰值比裸梁小，复合防护梁比柔性防护梁的峰值速度小。裸梁，柔性防护梁，复合防护梁所对应向下的速度峰值分别为 3.86mm/ms，2.13mm/ms，1.73mm/ms。柔性防护梁和裸梁的峰值相差 1.73mm/ms，柔性防护作用减少峰值 44.8％；复合防护梁和裸梁的峰值相差 2.13mm/ms，复合防护作用减少峰值 55.2％。同时有防护措施下的速度波形比无防护措施波形平缓，达到峰值的时刻相同均为 1ms。因此，对钢梁而言，柔性防护措施和复合防护措施对梁的速度动力响应影响显著，柔性防护减少峰值44.8%，复合防护减少峰值55.2%，且复合防护作用约为柔性防护作用的1.23倍。

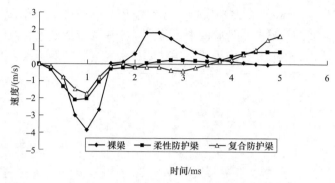

图6.11 两端固支钢梁速度时程曲线

（7）冲击力时程曲线。在构件受到碰撞或冲击（包括突然受到约束或突然解除约束）时，构件的运动状态在极短时间内发生急剧的变化。冲击力在碰撞过程中的极短时间内出现。冲击力的特点是作用时间极短，力的平均值极大，但冲量的大小是有限的。因为冲击力的变化规律极其复杂，它与物体碰撞时的相对速度、材料性质、接触面的状况等因素有关，所以要测出这种力的瞬时值是十分困难的。因此，用ANSYS/LS-DYNA模拟冲击力在碰撞时间内的变化规律成为解决这类问题的一种有效的方法。两端固支钢梁冲击力时程曲线见图6.12，冲击力峰值见表6.2。

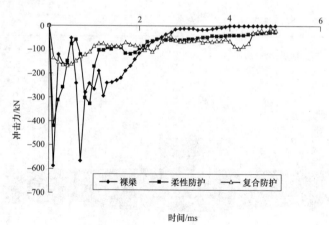

图6.12 两端固支钢梁冲击力时程曲线

表6.2　　　　两端固支钢梁冲击力峰值

梁的防护类型	裸梁	柔性防护梁	复合防护梁
冲击力/kN	586.019	419.367	166.557

从图6.12中可看出，在相同冲击能量作用下，冲击力时程曲线经历了多次冲击和卸载过程。从表6.2中可看出峰值冲击力从大到小依次为裸梁，柔性防护梁和复合防护梁。复合防护减少峰值419.462kN，作用提高71.6%；柔性防护减少峰值166.652kN作用提高28.4%；且复合防护作用约为柔性防护的2.52倍。

6.2.2 梁两端铰支时模拟结果与分析

（1）模拟变形分析。图 6.13 表示了钢梁局部变形沿轴向的分布情况，从图中可看出，梁的变形主要集中在冲击点附近，且梁的上翼缘产生严重的弯折现象。裸梁的上翼缘隆起高度最高，其次是柔性防护梁和复合防护梁；柔性防护和复合防护的腹板也产生折叠现象。

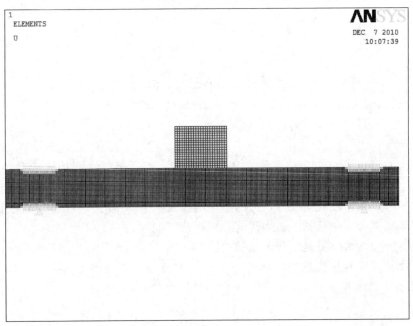

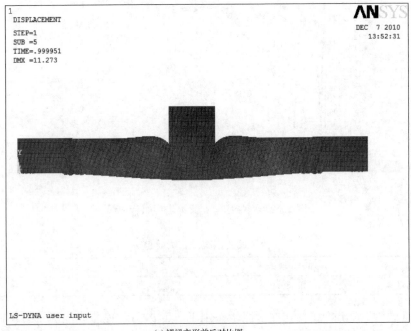

(a) 裸梁变形前后对比图

图 6.13　钢梁跨中冲击部位局部变形图（一）

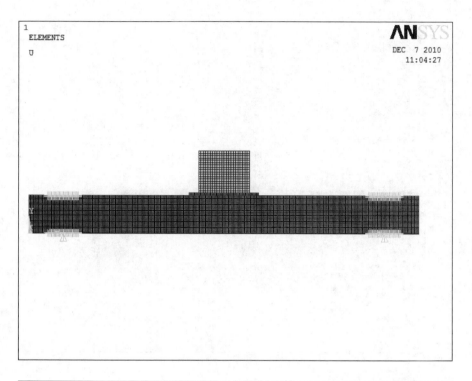

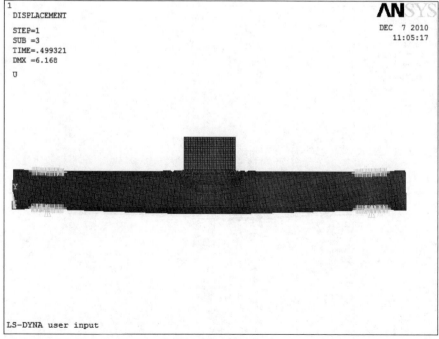

(b) 柔性防护梁变形前后对比图

图 6.13 钢梁跨中冲击部位局部变形图（二）

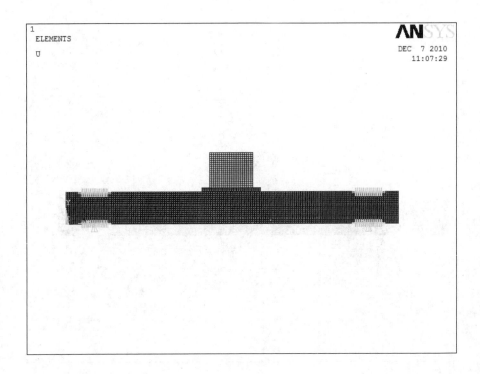

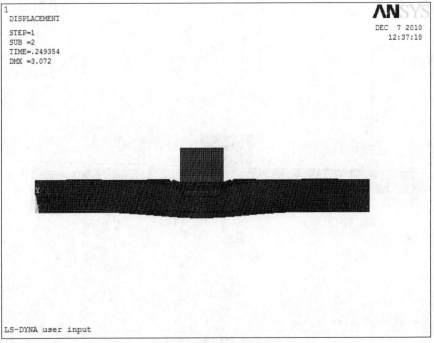

(c) 复合防护梁变形前后对比图

图 6.13　钢梁跨中冲击部位局部变形图（三）

（2）模拟应力分析。从图 6.14 可看出，钢梁受到冲击时，其应力分布比较集中，在冲击部位应力最大，其次是支座部位的应力。支座和冲击部分范围内，应变由跨中向支座的范围内骤减。应力分布的最大区域集中在试件的顶部冲击点折叠下部。

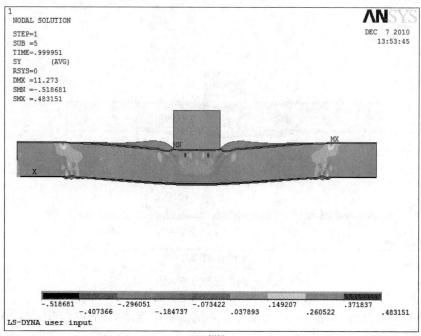

(a) 裸梁

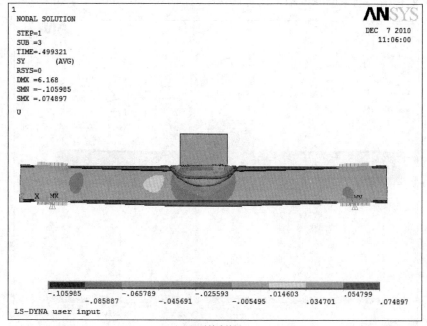

(b) 柔性防护梁

图 6.14　钢梁应力分布云图（一）

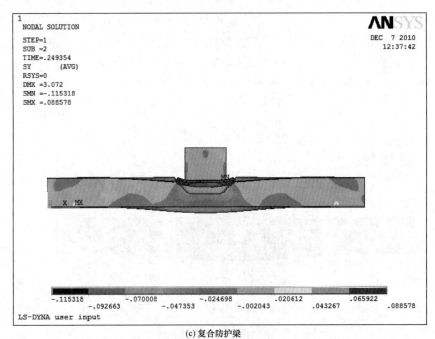

(c) 复合防护梁

图 6.14　钢梁应力分布云图（二）

（3）模拟应变分析。从图 6.15 可看出，不同防护措施下梁的应变在不同的位置变化很大，试件在受到侧向冲击作用时，局部应变小于整体应变，裸梁的最大应变区域几乎遍布整根梁，而有防护措施的梁的应变最大区域比裸梁范围小很多，主要集中在梁跨中底部区域。

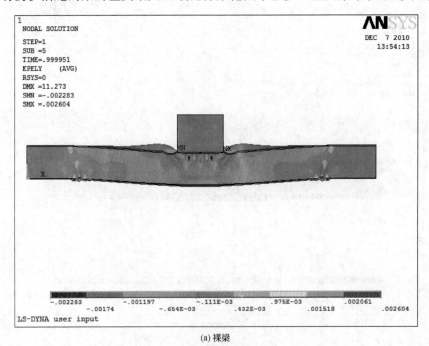

(a) 裸梁

图 6.15　钢梁应变分布云图（一）

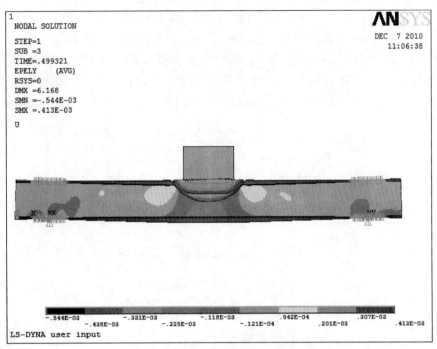

(b) 柔性防护梁

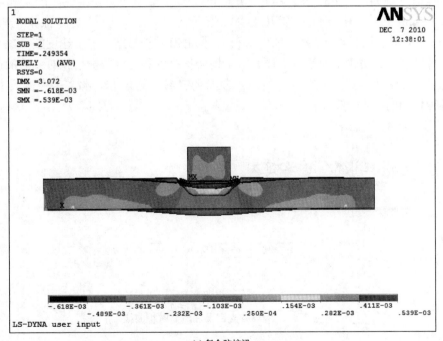

(c) 复合防护梁

图 6.15　钢梁应变分布云图（二）

(4) 位移时程曲线。从图 6.16 可看出，试件在经历了最大变形后，在卸载阶段其弹性变形得到了恢复，且有防护措施时的最大位移比裸梁小，复合防护梁比柔性防护梁的最大位移小。裸梁，柔性防护梁，复合防护梁所对应向下的位移峰值分别为 30.06mm，24.94mm，24.46mm。柔性防护梁和裸梁的峰值相差 5.12mm，柔性防护作用减少峰值 17.0%；复合防护梁和裸梁的峰值相差 5.6mm，复合防护作用减少峰值 18.6%。因此，对钢梁两端铰支而言，柔性防护措施和复合防护措施对梁的位移动力响应影响不大，柔性防护减少峰值 17.0%，复合防护减少峰值 18.6%，且复合防护作用约为柔性防护作用的 1.09 倍。

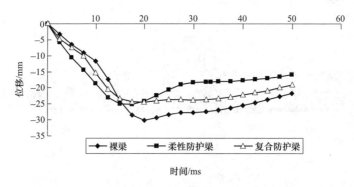

图 6.16　两端铰支钢梁位移时程曲线

(5) 加速度时程曲线。从图 6.17 可看出，裸梁，柔性防护梁，复合防护梁所对应向下的加速度峰值分别为 2.71mm/ms², 0.66mm/ms², 0.44mm/ms²。柔性防护梁和裸梁的峰值相差 2.05mm/ms²，复合防护作用减少峰值 75.6%；复合防护梁和裸梁的峰值相差 2.27mm/ms²，复合防护作用减少峰值 83.8%。同时有防护措施下的加速度波形比无防护措施波形平缓。因此，对钢梁两端铰支而言，柔性防护措施和复合防护措施对梁的加速度动力响应影响显著，柔性防护减少峰值 75.6%，复合防护减少峰值 83.8%，且复合防护作用约为柔性防护作用的 1.11 倍。

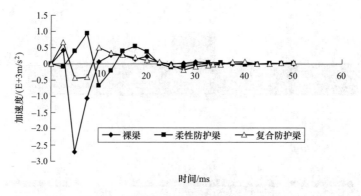

图 6.17　两端铰支钢梁加速度时程曲线

(6) 速度时程曲线。从图 6.18 可看出，有防护措施时的速度峰值比裸梁小，复合防护梁比柔性防护梁的峰值速度小。裸梁，柔性防护梁，复合防护梁所对应向下的速度峰值分别为 2.73mm/ms，2.61mm/ms，2.46mm/ms。柔性防护梁和裸梁的峰值相差 0.12mm/ms，柔性防护作用减少峰值 4.4%；复合防护梁和裸梁的峰值相差 0.27mm/ms，复合防护作用减少峰值 9.9%。因此，对钢梁两端铰支而言，柔性防护措施和复合防护措施对梁的速度动力响应影响很小，柔性防护减少峰值 4.4%，复合防护减少峰值 9.9%，且复合防护作用约为柔性防护作用的 2.25 倍。

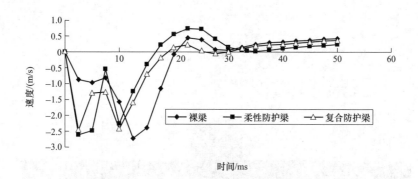

图 6.18　两端铰支钢梁速度时程曲线

（7）冲击力时程曲线。从图 6.19 中可看出，在相同冲击能量作用下，冲击力时程曲线经历了多次冲击和卸载过程。从表 6.3 中可看出：峰值冲击力从大到小依次为裸梁，柔性防护梁和复合防护梁。复合防护减少峰值 354.738kN，作用提高 72.0%；柔性防护减少峰值 218.702kN 作用提高 44.4%；且复合防护作用约为柔性防护的 1.62 倍。

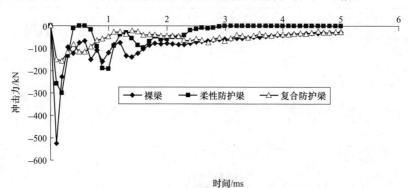

图 6.19　两端铰支钢梁冲击力时程曲线

表 6.3　　　　　　　　　　两端铰支钢梁冲击力峰值

梁的防护类型	裸梁	柔性防护梁	复合防护梁
冲击力/kN	492.718	274.016	137.98

6.2.3　梁一端固支，一端铰支时模拟结果与分析

（1）模拟变形分析。图 6.20 表示了钢梁局部变形沿轴向的分布情况，从图中可看出，梁的变形主要集中在冲击点附近，且梁的上翼缘产生严重的弯折现象。裸梁的上翼缘隆起高度最高，其次是柔性防护梁和复合防护梁。因为梁的约束形式不对称，所以梁两端变形不一

致，如图 6.20（a）左侧铰支处有一定的变形，但是右端固支处几乎无明显变形。

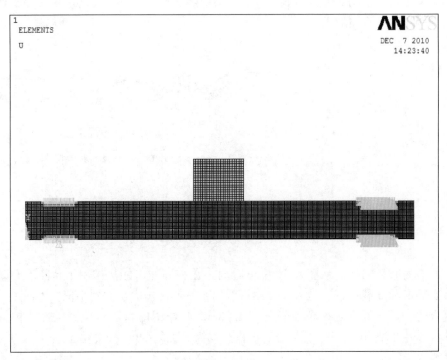

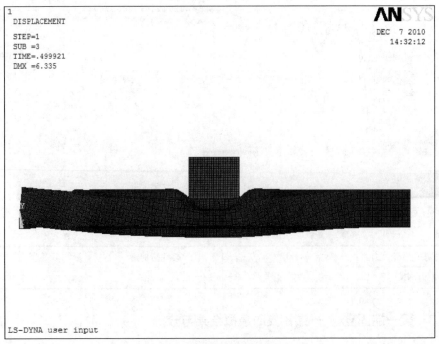

(a)裸梁变形前后对比图

图 6.20　钢梁跨中冲击部位局部变形图（一）

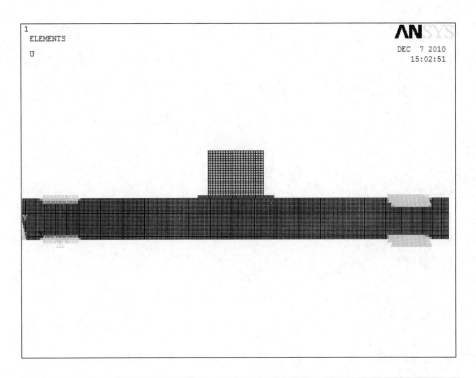

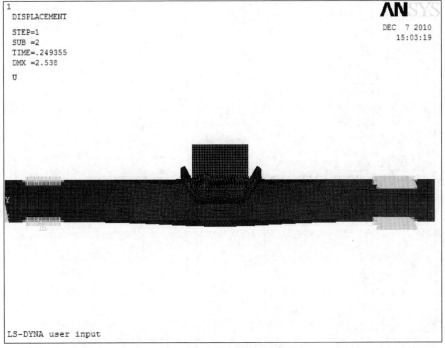

(b) 柔性防护梁变形前后对比图

图 6.20 钢梁跨中冲击部位局部变形图（二）

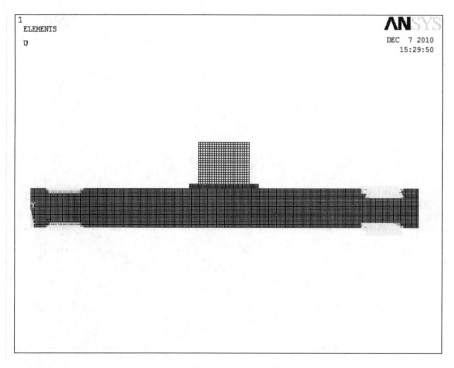

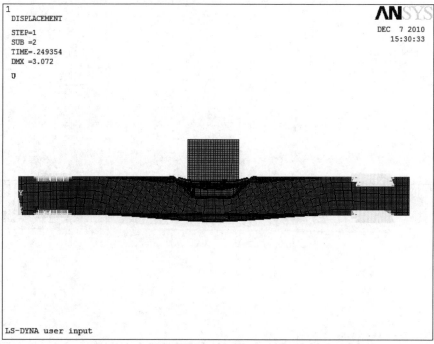

(c) 复合防护梁变形前后对比图

图 6.20　钢梁跨中冲击部位局部变形图（三）

（2）模拟应力分析。从图 6.21 可看出，钢梁受到冲击时，其应力分布比较集中，在冲击部位应力最大，其次是支座部位的应力。支座和冲击部分范围内，应变由跨中向支座的范围内骤减。应力分布的最大区域集中在试件的顶部冲击点折叠下部。

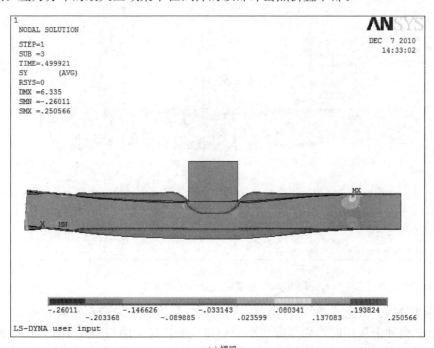

(a) 裸梁

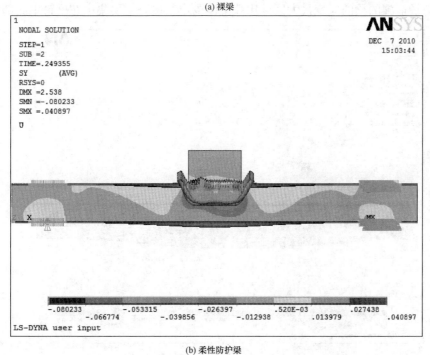

(b) 柔性防护梁

图 6.21　钢梁应力分布云图（一）

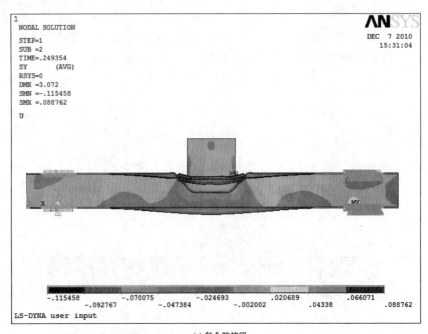

(c) 复合防护梁

图 6.21　钢梁应力分布云图（二）

（3）应变分析。从图 6.22 可看出，不同防护措施下梁的应变在不同的位置变化很大，试件在受到侧向冲击作用时，局部应变小于整体应变，裸梁的最大应变区域几乎遍布整根梁，而有防护措施的梁的应变最大区域比裸梁范围小很多，主要集中在梁跨中底部区域。

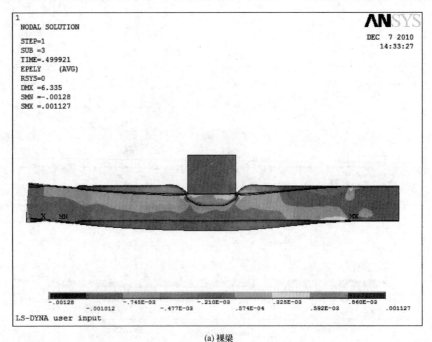

(a) 裸梁

图 6.22　钢梁应变分布云图（一）

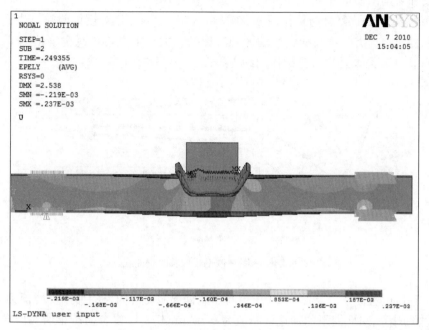

(b) 柔性防护梁

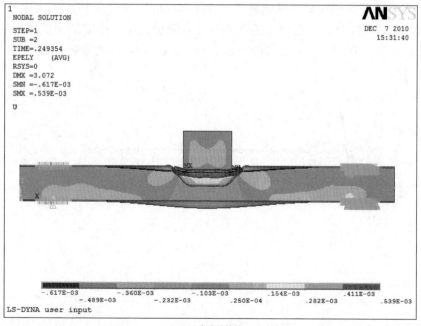

(c) 复合防护梁

图 6.22　钢梁应变分布云图（二）

（4）位移时程曲线。从图 6.23 可看出，裸梁所对应向下的位移峰值为 6.47mm；柔性防护梁所对应向下的位移峰值为 4.39mm；复合防护梁所对应向下的位移峰值为 3.27mm。柔性防护梁和裸梁的峰值相差 2.08mm，柔性防护作用减少峰值 32.1%；复合防护梁和裸梁的峰值相差 3.2mm，复合防护作用减少峰值 49.5%。因此，对钢梁两端铰支而言，柔性防护措施和复合防护措施对梁的位移动力响应影响较大，柔性防护减少峰值 32.1%，复合防护减少峰值 49.5%，且复合防护作用约为柔性防护作用的 1.54 倍。

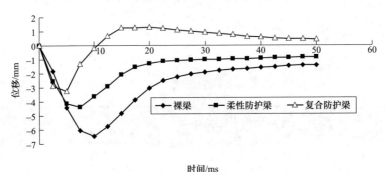

图 6.23　一固一铰钢梁位移时程曲线

（5）加速度时程曲线。从图 6.24 中可看出，裸梁所对应向下的加速度峰值为 2.37mm/ms²；柔性防护梁所对应向下的加速度峰值为 0.67mm/ms²；复合防护梁所对应向下的加速度峰值为 0.61mm/ms²。柔性防护梁和裸梁的峰值相差 1.7mm/ms²，柔性防护作用减少峰值 71.7%；复合防护梁和裸梁的峰值相差 1.76mm/ms²，复合防护作用减少峰值 74.3%。因此，对钢梁一固一铰而言，柔性防护措施和复合防护措施对梁的加速度动力响应影响显著，柔性防护减少峰值 71.7%，复合防护减少峰值 74.3%，且复合防护作用约为柔性防护作用的 1.04 倍。

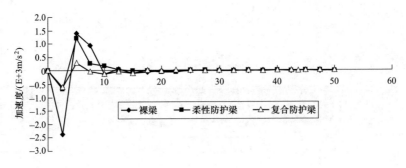

图 6.24　一固一铰钢梁加速度时程曲线

（6）速度时程曲线。从图 6.25 中可看出，裸梁所对应向下的速度峰值为 1.77mm/ms；柔性防护梁所对应向下的速度峰值为 0.97mm/ms；复合防护梁所对应向下的速度峰值为 0.30mm/ms。柔性防护梁和裸梁的峰值相差 0.8mm/ms，柔性防护作用减少峰值 45.2%；复合防护梁和裸梁的峰值相差 1.47mm/ms，复合防护作用减少峰值 83.1%。因此，对钢梁一端固支，一端铰支而言，柔性防护措施和复合防护措施对梁的速度动力响应影响显著，柔性防护减少峰值 45.2％，复合防护减少峰值 83.1％，且复合防护作用约为柔性防护作用的 1.84 倍。

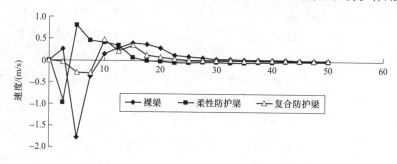

图 6.25　一固一铰钢梁速度时程曲线

（7）冲击力时程曲线。从图 6.26 中可看出，在相同冲击能量作用下，冲击力时程曲线经历了两次冲击和卸载过程。峰值冲击力从大到小依次为裸梁，柔性防护梁和复合防护梁。复合防护减少峰值 385.632kN，作用提高 73.6％；柔性防护减少峰值 223.164kN 作用提高 42.6％；且复合防护作用约为柔性防护的 1.73 倍。一端固支、一端铰支钢梁冲击力峰值见表 6.4。

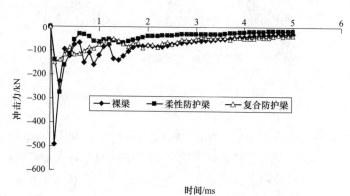

图 6.26　一固一铰钢梁冲击力时程曲线

表 6.4　　　　　　　　　　　　　一固一铰钢梁冲击力峰值

梁的防护类型	裸梁	柔性防护梁	复合防护梁
冲击力/kN	523.612	300.448	155.62

6.3　钢梁的抗撞性能分析

6.3.1　约束形式对钢梁冲击力的影响规律

梁的不同约束形式时所受最大冲击力见表 6.5 和图 6.27。钢梁的弯曲应变主要集中在

建筑结构抗冲击防护新技术

冲击部位和两端约束部位。在相同的防护条件和冲击能量下，梁的约束形式对冲击力峰值影响较明显，两端固支梁的冲击力最大，其次是一固一铰梁、最小的是两端铰支。见表 6.5，裸梁在三种约束条件下，两端固支与一固一铰冲击力峰值相差 62.407kN，相差 10.6%；两端固支与两端铰支相差 93.301kN，相差 15.9%。柔性防护梁在三种约束条件下，两端固支与一固一铰冲击力峰值相差 118.919kN，相差 28.4%；两端固支与两端铰支相差 145.351kN，相差 34.7%。复合防护梁在三种约束条件下，两端固支与一固一铰冲击力峰值相差 10.937kN，相差 6.6%；两端固支与两端铰支相差 28.577kN，相差 17.2%。相差都小于 35%，平均相差 18.9%，因此约束形式对钢梁冲击力的影响较明显。

表 6.5 不同约束形式梁的冲击力峰值   kN

梁的防护类型	两端固支	一固一铰	两端铰支
裸梁	586.019	523.612	492.718
柔性防护梁	419.367	300.448	274.016
复合防护梁	166.557	155.62	137.98

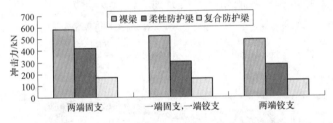

图 6.27 不同约束形式梁的最大冲击力示意图

6.3.2 不同防护措施对钢梁冲击力的影响规律

从 6.3.1 的分析和表 6.5 得出：在相同冲击能量作用下，冲击力峰值从大到小依次为裸梁、柔性防护梁和复合防护梁。这就说明复合防护作用最强，其次是柔性防护作用。在梁两端固支、一固一铰、两端铰支时，复合防护作用大小分别为柔性防护的 2.52 倍、1.62 倍和 1.73 倍。

190

7 落锤式冲击试验台的开发设计

工程结构中的碰撞过程一般多属于低速碰撞的范畴，模拟这类冲击问题的实验装备可以选用落锤式冲击试验台。它是将设计重锤提升到一定高度自由落下打击试件的设备，加载原理简单，性能可靠而且重复性好。针对研究目标，本章自行设计的落锤式冲击试验台主要用于测定结构构件如钢梁、钢筋混凝土梁的动态响应特性，目前尚未有定型产品。

7.1   设计的主要性能指标

自行设计的落锤式冲击试验台的主要技术参数如下：

锤重	1.6～66kg
锤头最大落程	2m
锤头最大冲击速度	6.3m/s
锤头提升速度	3.95m/min
框架高度	3.56m
框架两立柱纵向中心距	1.4m
减速机功率	370W
试件尺寸	1700mm×160mm×95mm
落锤位置	梁1/2～1/3跨度

设计的落锤冲击头横截面形状分为圆形和正方形。圆形系列有小圆、中圆、和大圆三种，对应的直径分别为 $\phi35mm$，$\phi60mm$，$\phi95mm$；正方形系列有小方、中方和大方三种，对应的横截面尺寸分别为 35mm×35mm，60mm×60mm，95mm×95mm。

7.2   冲击试验台组成

参照 GB/T 6803《铁素体钢的无塑性转变温度落锤试验方法》对普通落锤式材料试验机的技术规定，结合研究实际情况，经过对比分析，考虑到占用空间及所需成本，最终设计的实物如图7.1所示。

落锤式冲击试验台主要由框架、支座、梁、机械式脱钩器、落锤、起吊系统、保护槽及数据采集系统组成。机械式的脱钩器可以保证试验过程中自动快速地释放起吊后的重锤，配置保护槽则主要是防止重锤落下后反弹飞出。

试验台主要工作原理为：当提升重锤的脱钩器进入锥形筒时，上端钳形脱钩受挤压因而导致下部锁口张开，重锤开始自由落下，下落到指定位置后可实现以一定速度对试件动态

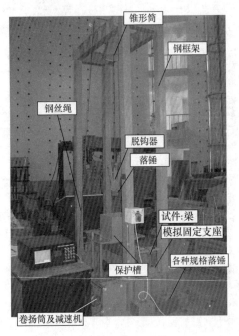

图 7.1　冲击试验台

加载。

7.2.1　框架的设计

支撑框架主要用来固定梁、支座和起吊系统，控制落锤高度及落锤落点。框架是采用工字钢，槽钢等通过焊接和螺栓连接而成。框架结构的底座需安装上梁的固定支座和铰支座，所以选用工字钢 I36a。立柱采用槽钢对焊而成，依据下落高度的要求长度取为 3m；主梁采用工字钢 I18，次梁采用槽钢 [14a，底座支撑 [25a。单一构件一般采取焊接形式制作，主要构件之间考虑到拆卸问题，多采用螺栓连接形式。支撑框架设计涉及的各个焊缝焊角尺寸和选用的螺栓等级通过计算确定，要求保证结构稳定并满足承载力要求。重锤的落点可以沿试件进行调整，譬如位于试验梁的 1/3 跨度处和 1/2 跨度处，冲击试验台如图 7.2 所示。

7.2.2　支座的设计

支座用来对试件端部进行约束，分为铰支座和固定支座两种，如图 7.3 所示。支座与底座之间采取螺栓连接的方式，可自由拆卸。试件在铰支座支承处可以转动、不能移动，而在固定支座支承处则完全被固定。试件可用槽钢和钢板通过螺栓连接到铰支座和固定支座上，试件与不同支座的组合侧视图如图 7.4 所示，共有三种不同的组合情况。

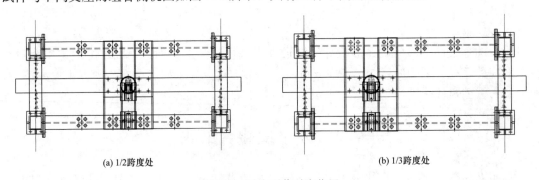

(a) 1/2跨度处　　　　　　　　　　　　　　(b) 1/3跨度处

图 7.2　锤头下落对应位置

7.2.3　机械式脱钩器设计

在整个试验台架的设计中，脱钩装置是极为关键的一个部分。只有可靠地将重锤在一定高度进行释放，才有可能实现落锤式冲击加载的功能。设计过程中开发出一种机械式脱钩装置，可以利用卷扬机将其连带重锤提升到一定高度进入锥形筒后，自动脱钩，从而致使重锤下落。此设计方案不仅原理简单，而且成本低廉，同时又易于加工。脱钩器的设计示意图和

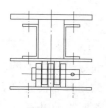 

(a) 铰支座

(b) 固定支座

图 7.3 支座与梁组合侧视图

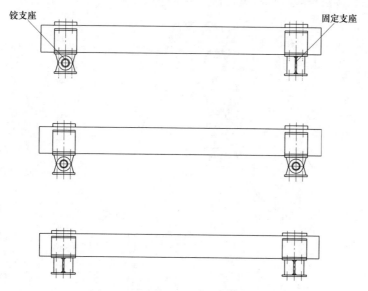

图 7.4 支座三种不同组合约束方式

实物图如图 7.5 所示。

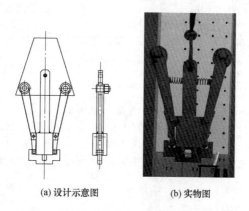

(a) 设计示意图   (b) 实物图

图 7.5 机械式脱钩器

7.2.4 起吊系统的设计

为保证重锤能够顺利地提升到达预定的高度，试验台采用电动的起吊系统。起吊系统由滑轮、钢丝绳、卷扬筒及减速机等组成，如图7.6所示。卷扬机上的钢丝绳穿过次梁上的两个定滑轮将脱钩器（附带重物）吊起，使脱钩器进入锥形筒，卷扬机产生的提升力使脱钩装置上端钳形力臂被压紧，导致下端钳形锁口张开实现脱钩。由于普通卷扬机的上升速度过快，因此需要采用配套的减速器。卷扬机的结构如图7.7所示，主要由卷扬筒和减速器组成。卷扬筒包括轴承、轴承盖、卷扬支架、卷扬筒、卷扬筒轴和卷扬筒法兰接盘等几部分，并通过卷扬筒法兰接盘与减速机法兰接盘连接成一体。

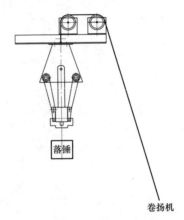

图 7.6 起吊系统示意图

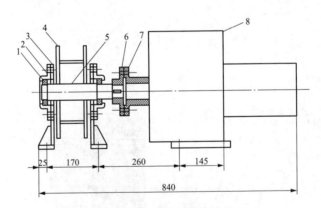

图 7.7 卷扬机结构图

1—轴承（深沟球轴承型号为7000108，2个）；2—轴承盖（2个）；
3—卷扬支架（2个）；4—卷扬筒（1个）；5—卷扬筒轴（1个）；
6—卷扬机法兰接盘（1个）；7—减速机法兰接盘（1个）；8—减速电机

7.2.5 冲击保护槽的设计

落锤下落击中试件后有可能反弹飞出，因此考虑在冲击发生处设置4块防护板围成矩形的保护槽，锤头落入保护槽示意图及实物图如图7.8所示。冲击时，落锤即使反弹，因空间限制最终只能落入矩形保护槽内，以免出现安全问题。此外，通过在保护槽底板上增加辅助配板可调整落锤的冲击作用面积。

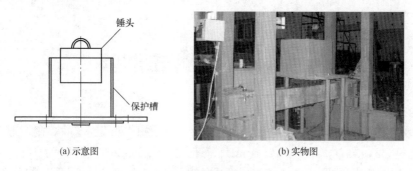

(a) 示意图　　　　　　　　(b) 实物图

图 7.8　锤头落入保护槽示意图

8 钢梁落锤冲击试验

本次试验在自行设计的落锤冲击试验台上进行。梁选用两端固支的焊接箱形钢梁。箱形钢梁材质是 Q235，梁的长度为 1700mm，净跨度为 1264mm，高度为 160mm，宽度为 95mm，翼缘板和腹板的厚度均为 5mm。试件截面尺寸如图 8.1 所示，加载示意图见图 8.2。试验目的为通过测量各种冲击能量下箱形钢梁跨中下表面的应变，确定冲击接触面特性和防护形式对梁冲击响应的影响规律。

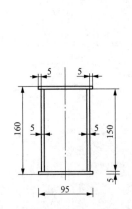

图 8.1　试件截面尺寸（单位：mm）

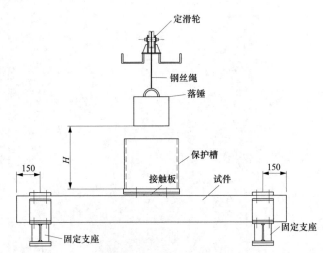

图 8.2　试验加载示意图（单位：mm）

8.1　试　验　设　备

本试验主要测量参数为梁跨中下表面的冲击应变。测量系统包括光纤光栅传感器和光纤光栅解调仪，介绍如下：

1. 光纤光栅传感器

本试验使用的传感器为光纤光栅应变传感器，规格型号为基康 BGK-FBG-4000T，主要用于测量混凝土结构及钢结构上的应变。应变测量采用光纤光栅原理，把一根光栅封装在金属结构构件内，安装时把传感器两端的固定块焊接或粘贴于被测结构件表面即可。被测结构件的变形（如应变变化）导致两端固定块相对运动，从而引起光栅长度的改变反应为探测光波长的变化，光波长的变化可由光纤光栅解调仪直接进行数据采集。主要安装方式是采用焊接方式，也可以用粘贴及锚栓固定到钢或混凝土表面上监测结构的应变。

被测物体由于温度变化引起的应变，加上载荷变化引起的应变总和计算公式如下：

$$\varepsilon_{总} = K(\lambda_1 - \lambda_0) + B(\lambda_{t1} - \lambda_{t0}) \tag{8.1}$$

式中：$\varepsilon_{总}$ 为微应变；K 为应变计应变系数，取值 736.60 327 402，$\mu\varepsilon/nm$；B 为传感器温度修正系数，取值 -694.18 753 024，$\mu\varepsilon/nm$；λ_1 为应变光栅当前的波长值，nm；λ_0 为应变光栅初始的波长值，nm；λ_{t1} 为温补光栅当前的波长值，nm；λ_{t0} 为温补光栅初始的波长值，nm。

2. FBG8600 光纤光栅解调仪

BGK-FBG-8600 是北京基康科技有限公司专门为高速测量而设计的分析仪，由扫描激光光源、光电转换模块、数据采集与分析模块、光波长处理模块、通信显示模块、电源模块等几部分构成，实物如图 8.3 所示，能实现在 100Hz 频率下 16 通道同步进行高速动态测量，具有全光谱查询功能。它采用全光谱运算法、高速数字滤波和实时动态波长校准技术，具有动态范围大、长期稳定性好和精度高等特点，适用于各种复杂环境下的监测。

（1）工作原理。FBG8600 光纤传感分析仪能提供高精度的波长分辨率，而且运行稳定性较好。FBG8600 主机设计的基本配置主要由光源、光纤分束、光探测、波长处理、信号输出和电源等模块组成。它采用高速数字处理芯片进行数字处理技术，这种处理技术可以快速处理光谱数据和波长数据。同时，采用光学标准具及标准波长进行双重校准，保证系统温度测量的准确性和稳定性。简言之，FBG8600 光纤光栅解调仪具有测量精度高、动态范围广、波长解调速率高和稳定性好等优点。

主机通可过光谱的特征来计算光纤布拉格光栅（fiber bragg grating，FBG）传感器的波长，这样就要求每个 FBG 的中心波长不能相同，必须存在一定的差值。每个 FBG 传感器同时感知环境的变化，从而产生中心波长的改变。

（2）应用软件。FBG8600 光纤传感分析仪配套的软件可以处理采集到的光纤光栅传感器波长数据，可以直接显示数据，也可提供动态信号曲线视图、光谱查询与分析视图。波长数据和动态信号曲线的例图分别如图 8.4 和图 8.5 所示。

图 8.3　光纤光栅解调仪

图 8.4　波长数据

（3）数据采集。本试验中光纤光栅应变计通过 BGK-FBG-8600 的光纤光栅解调仪进行数据的读取及采集。这种设备提供了 FC/APC 光学接口，只要与应变计相连的光缆的光学

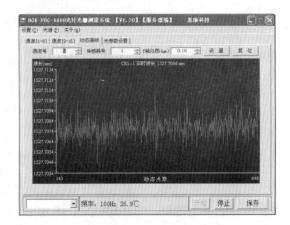

图 8.5 　动态信号曲线

接头接入光纤光栅解调仪，即可读出所需数据，并可对数据进行存储。存储数据格式如图8.6 所示。

图 8.6 　存储数据格式

8.2 　试 验 内 容

本次落锤冲击试验包含的主要内容如下：裸梁的落锤冲击试验；柔性防护梁的落锤冲击试验；刚柔复合防护梁的落锤冲击试验。根据上面的试验内容共进行了一根两端固支箱形钢梁的 18 组共 54 次落锤试验，试验组别见表 8.1。根据落锤重量分为 3 个等级：大锤、中锤、小锤；根据落锤接触板形状，模拟冲击接触面形状分为小圆形、中圆形、大圆形、小方形（见图 8.7）、中方形、大方形六种情况。三种规格的锤横截面尺寸分别为 60mm×60mm×55mm、100mm×100mm×85mm、120mm×120mm×80mm，对应重量分别为 1.6kg、6.7kg 和 9kg；刚性防护的钢板尺寸为 200mm×95mm×10mm，柔性防护的橡胶板尺寸为 300mm×95mm×60mm。采取刚柔复合防护方案时，橡胶板在下部，钢板在上部。落锤接触板尺寸为：大方块 95mm×95mm×10mm、中方块 60mm×60mm×10mm、小方块 35mm×35mm×10mm；大圆块 ϕ95mm、中圆块 ϕ60mm、小圆块 ϕ35mm。每一组试验，试件梁先后经受小锤、中锤和大锤的三次冲击。

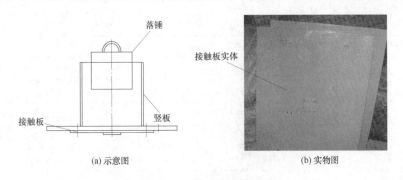

(a) 示意图   (b) 实物图

图 8.7　冲击接触面为小方块时的结构构造

通过 54 次落锤冲击试验的测量结果，探讨试件应变与冲击接触面特性、应变与防护措施的关系。

表 8.1 　　　　　　　　　　　　落锤冲击试验组别

序号	梁的防护形式	接触板形状	落锤级别
1	裸梁	大方块	大锤
	裸梁	大方块	中锤
	裸梁	大方块	小锤
2	柔性防护梁	大方块	大锤
	柔性防护梁	大方块	中锤
	柔性防护梁	大方块	小锤
3	刚柔复合防护	大方块	大锤
	刚柔复合防护	大方块	中锤
	刚柔复合防护	大方块	小锤
4	裸梁	中方块	大锤
	裸梁	中方块	中锤
	裸梁	中方块	小锤
5	柔性防护梁	中方块	大锤
	柔性防护梁	中方块	中锤
	柔性防护梁	中方块	小锤
6	刚柔复合防护	中方块	大锤
	刚柔复合防护	中方块	中锤
	刚柔复合防护	中方块	小锤
7	裸梁	小方块	大锤
	裸梁	小方块	中锤
	裸梁	小方块	小锤
8	柔性防护梁	小方块	大锤
	柔性防护梁	小方块	中锤
	柔性防护梁	小方块	小锤

序号	梁的防护形式	接触板形状	落锤级别
9	刚柔复合防护	小方块	大锤
	刚柔复合防护	小方块	中锤
	刚柔复合防护	小方块	小锤
10	裸梁	大圆块	大锤
	裸梁	大圆块	中锤
	裸梁	大圆块	小锤
11	柔性防护梁	大圆块	大锤
	柔性防护梁	大圆块	中锤
	柔性防护梁	大圆块	小锤
12	刚柔复合防护	大圆块	大锤
	刚柔复合防护	大圆块	中锤
	刚柔复合防护	大圆块	小锤
13	裸梁	中圆块	大锤
	裸梁	中圆块	中锤
	裸梁	中圆块	小锤
14	柔性防护梁	中圆块	大锤
	柔性防护梁	中圆块	中锤
	柔性防护梁	中圆块	小锤
15	刚柔复合防护	中圆块	大锤
	刚柔复合防护	中圆块	中锤
	刚柔复合防护	中圆块	小锤
16	裸梁	小圆块	大锤
	裸梁	小圆块	中锤
	裸梁	小圆块	小锤
17	柔性防护梁	小圆块	大锤
	柔性防护梁	小圆块	中锤
	柔性防护梁	小圆块	小锤
18	刚柔复合防护	小圆块	大锤
	刚柔复合防护	小圆块	中锤
	刚柔复合防护	小圆块	小锤

8.3 试 验 步 骤

8.3.1 试验测点布置

本试验的测点布置在梁底部中心位置，通过读取的波长数据换算成应变数据测量梁跨中底表面的冲击应变。梁表面的应变测点布置如图 8.8 所示。

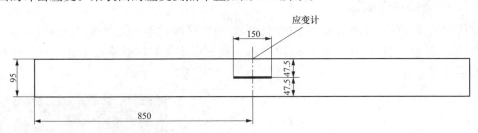

图 8.8　梁表面应变测点布置图（单位：mm）

8.3.2　光纤光栅应变传感器的安装

由于落锤冲击试验属于动态强冲击加载，因此光纤光栅应变传感器不适合采取粘贴的方式，必须考虑采用焊接的方式进行固定安装，以免测试时从试件上脱落，具体安装情况如图 8.9 所示。

（1）安装基面准备。首先将梁表面安装部位处用打磨机进行打磨，除掉油漆，并打磨获得平整、光滑的安装基准面。

图 8.9　光纤光栅应变传感器的安装图
（仰视图）

（2）焊接安装块。安装块是成对提供的，其中每个安装块附带有两个带有锥尖固定的螺钉。在确定安装块的位置时，应使两安装块的连线与梁的中心轴线相重合。确定位置后，将安装块用 AB 胶固定在钢梁表面，数小时后再将其焊接到钢梁表面之上。

焊接之后，应先放置一段时间，以求焊接时在试件内产生的残余热应力尽量消散。然后，再考虑将光纤光栅传感器安装入已焊好的安装块内。

（3）安装传感器。在进行传感器安装时，先安装带有定位槽的一端，再用固定螺钉固定另一端。传感器两端向外延展的光缆需要用胶带固定在钢梁上，并将其与光纤光栅解调仪进行连接。

图 8.10　固定的试件梁

8.3.3　试件安装

先选取两固定支座用螺栓将其连接到冲击试验台底座上，然后将试件梁搁置在固支支座内，上部盖板用螺栓固定。梁外侧离支座中心线距离为 150mm，锤下落时落点位于梁的跨中，固定的试件梁如图 8.10 所示。防护板（譬如橡胶板）搁置在梁跨中位置的上部表面；接触板通过螺栓安装在保护槽底部，然后将保护槽穿过圆柱形导柱搁置在钢梁上。图 8.11 是试件安装就位后的整体实物图。

8.3.4　落锤冲击试验

试件安装就位后，就可开始考虑进行试验。每次试验时，先将重锤用脱钩器夹紧，然后打开电机开关进行匀速提升，如图 8.12 所示，到达指定位置后脱钩器张开导致重锤自由下落，然后关闭电机开关。

图 8.11　试验装置实物图

图 8.12　重锤提升

在试验过程中，当每次落锤上升时，点击解调仪动态曲线视图中的保存按钮进行数据采集并存储，每一次冲击结束后停止保存，总共可以记录 54 组数据。

8.4　数　据　分　析

8.4.1　实测试验数据

实际试验数据均以文本文档形式被存储在解调仪内，储存的数据量庞大，可用软件 Microsoft Office Excel 或 Origin 进行数据处理。实际读数为应变光栅当前的波长值 λ_1 和温补光栅当前的波长值 λ_{t1}，试验中应变光栅初始的波长值 $\lambda_0 = 1551.9763$nm，温补光栅初始的波长值 $\lambda_{t0} = 1534.2319$nm。从解调仪屏幕上可观察波长的动态变化曲线，如图 8.13 所示。

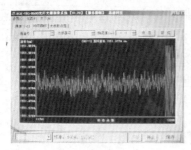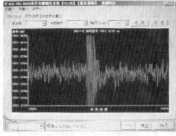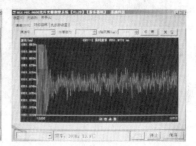

图 8.13　波长的动态变化曲线

根据实测的 λ_1 和 λ_{t1} 值，代入式（8.1）计算相应每一时刻的冲击应变。对于 54 次落锤冲击试验，提取的最大冲击应变值分别见表 8.2～表 8.4。

表 8.2 　　　　　　　　　　　　裸梁的最大冲击应变 　　　　　　　　　　　　　　　$\mu\varepsilon$

落锤分级	工　况					
	小圆块	中圆块	大圆块	小方块	中方块	大方块
小锤	100.10	75.81	39.41	76.01	46.65	16.96
中锤	187.48	110.66	102.72	127.63	94.70	82.81
大锤	352.11	199.41	123.70	200.35	182.46	108.63

表 8.3 　　　　　　　　　　　　柔性防护梁的最大冲击应变 　　　　　　　　　　　　　$\mu\varepsilon$

落锤分级	工　况					
	小圆块	中圆块	大圆块	小方块	中方块	大方块
小锤	77.89	38.18	30.63	64.05	27.64	17.8
中锤	176.93	105.27	97.24	103.15	92.94	80.62
大锤	241.02	182.80	114.96	129.46	122.16	105.37

表 8.4 　　　　　　　　　　　　复合防护梁的最大冲击应变 　　　　　　　　　　　　　$\mu\varepsilon$

落锤分级	工　况					
	小圆块	中圆块	大圆块	小方块	中方块	大方块
小锤	42.87	29.75	16.54	33.31	26.85	14.88
中锤	110.23	98.57	87.4	88.44	73.23	59.45
大锤	161.53	128.42	103.83	145.18	121.63	90.26

8.4.2 实测应变分析

1. 冲击接触面对梁冲击应变影响分析

试验中所用小圆块、中圆块、大圆块和小方块、中方块、大方块的直径和横截面尺寸分别为：$\phi35mm$、$\phi60mm$、$\phi95mm$、$35mm\times35mm$、$60mm\times60mm$、$95mm\times95mm$。与之对应的面积分别为 $962mm^2$、$2827mm^2$、$7088mm^2$、$1225mm^2$、$3600mm^2$、$9025mm^2$。小锤、中锤和大锤的重量分别为 1.6kg、6.7kg、9kg。

（1）裸梁在落锤冲击作用下的最大应变。图 8.14 为根据试验数据所做的一组冲击接触面形状和尺寸对裸梁最大应变值的影响规律图。由这组曲线图和柱形图可得出以下结论：

1）无论冲击接触面是圆形还是方形，梁的冲击应变均随冲击接触面积的增大而呈非线性趋势减小，且圆形截面的变化比方形截面的变化更明显。

2）对相同尺寸的圆块和方块而言，冲击接触面为圆形时的应变比方形时的应变大，如对小锤冲击时，冲击接触面为 $\phi35m$ 圆形时应变峰值比 $35mm\times35mm$ 方形时大 $24.09\mu\varepsilon$，冲击接触面为 $\phi60m$ 圆形时应变峰值比 $60mm\times60mm$ 方形时大 $29.16\mu\varepsilon$，冲击接触面为 $\phi95m$ 圆形时应变峰值比 $95mm\times95mm$ 方形时大 $22.45\mu\varepsilon$。

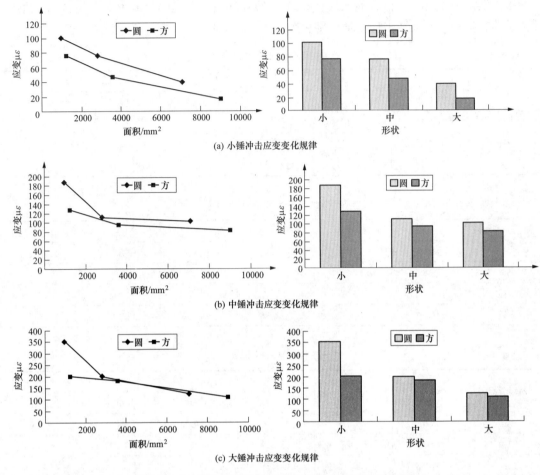

图 8.14　冲击接触面对裸梁最大冲击应变的影响规律图

（2）柔性防护梁在落锤冲击作用下的最大应变。图 8.15 为根据试验数据所做的一组冲击接触面形状和尺寸对柔性防护梁最大应变值影响规律曲线。由这组曲线图和柱形图可得出以下结论：

对相同尺寸的圆块和方块而言，冲击接触面为圆形时的应变比方形时的应变大，如对中锤冲击时，冲击接触面为 $\phi 35m$ 圆形时应变峰值比 35mm×35mm 方形时大 $73.78\mu\varepsilon$，冲击接触面为 $\phi 60m$ 圆形时应变峰值比 60mm×60mm 方形时大 $12.33\mu\varepsilon$，冲击接触面为 $\phi 95m$ 圆形时应变峰值比 95mm×95mm 方形时大 $16.62\mu\varepsilon$。

（3）复合防护梁在落锤冲击作用下的最大应变。图 8.16 为根据试验数据所做的一组冲击接触面形状和尺寸对柔性防护梁最大应变值影响规律曲线。由这组曲线图和柱形图可得出以下结论：

对相同尺寸的圆块和方块而言，冲击接触面为圆形时的应变比方形时的应变大，如对大锤冲击时，冲击接触面为 $\phi 35m$ 圆形时应变峰值比 35mm×35mm 方形时大 $16.35\mu\varepsilon$，冲击接触面为 $\phi 60m$ 圆形时应变峰值比 60mm×60mm 方形时大 $6.79\mu\varepsilon$，冲击接触面为 $\phi 95m$ 圆形时应变峰值比 95mm×95mm 方形时大 $13.57\mu\varepsilon$。

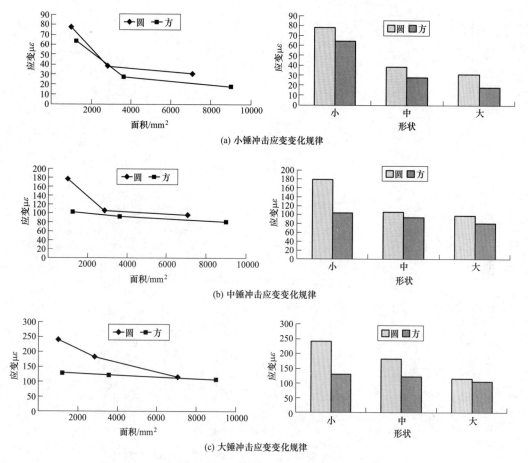

(a) 小锤冲击应变变化规律

(b) 中锤冲击应变变化规律

(c) 大锤冲击应变变化规律

图 8.15 冲击接触面对柔性防护梁最大冲击应变的影响规律图

2. 冲击接触面对梁冲击应变影响分析防护形式对梁冲击响应影响

图 8.17 为根据试验数据所做的一组防护形式对箱形梁最大应变值影响规律图。从图中可得出以下结论：

1) 当梁受落锤冲击作用时，无论冲击接触面的形状是小圆形、中圆形、大圆形还是小方形、中方形、大方形，梁的冲击应变峰值均随着无防护措施，有柔性防护措施和有复合防护措施而对应依次减小。当钢梁受小锤冲击且作用面为小圆形时，柔性防护减小峰值 22.2%，复合防护减小峰值 57.2%，复合防护作用为柔性防护的 2.58 倍；中圆形时，复合防护作用为柔性防护的 1.22 倍；大圆形时，复合防护作用为柔性防护的 2.6 倍；小方形、中方形、大方形时复合防护作用分别为柔性防护的 3.57、1.04、2.5 倍；当钢梁受中锤冲击且作用面为小圆形、中圆形、大圆形时复合防护作用分别为柔性防护的 7.32、2.24、2.8、1.6、12.2、10.7 倍；当钢梁受大锤冲击且作用面为小圆形、中圆形、大圆形时复合防护作用分别为柔性防护的 1.72、4.27、2.27、0.78、1.01、5.63 倍。

2) 落锤冲击作用面积越小，复合防护措施和柔性防护措施对应变峰值的削弱越明显，且复合防护措施作用大于柔性防护措施。

3) 防护措施对冲击接触面为圆形时的削弱应变峰值效果比方形时大。

建筑结构抗冲击防护新技术

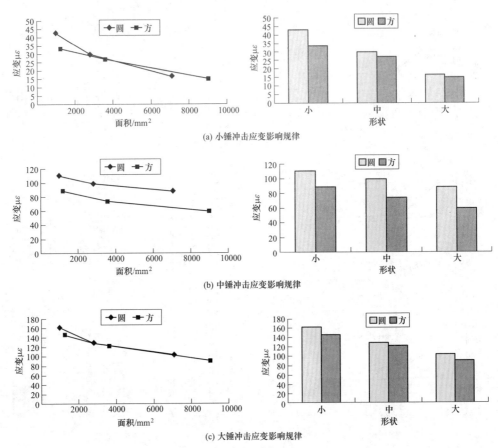

图 8.16　冲击接触面对复合防护梁最大冲击应变影响规律图

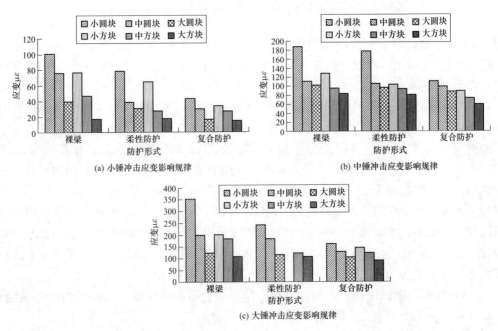

图 8.17　防护形式对梁最大冲击应变影响规律图

8.5　实测与数值计算的结果对比分析

将试验实测的跨中梁底表面应变时程曲线与有限元提取的应变时程曲线进行对比分析，重点观察冲击过程中的最大冲击应变值。有限元模拟方法与第六章的相同，区别在于模拟时需要考虑冲击头形状的变化。冲击头模拟时采用 SOLID164 单元进行实体划分，选取各向同性的弹性模型。在此基础上，对应的有限元模型分别如图 8.18 所示。

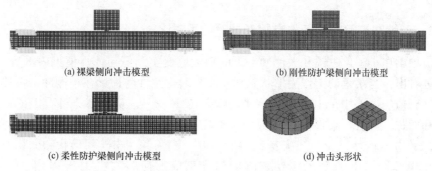

(a) 裸梁侧向冲击模型　　　　　　　　　　(b) 刚性防护梁侧向冲击模型

(c) 柔性防护梁侧向冲击模型　　　　　　　　(d) 冲击头形状

图 8.18　试验有限元模型

8.5.1　裸梁实测值与有限元计算结果对比

裸梁在小锤、中锤和大锤冲击下的最大应变实测值与计算值见表 8.5。从表 8.5 可看出：当落锤冲击作用形状和面积不同时，裸梁在小锤冲击下的最大应变实测值与计算值的误差均在 18% 以内，平均误差为 12.1%。从表 8.6 可看出：当落锤冲击作用形状和面积不同时，裸梁在中锤冲击下的最大应变实测值与计算值的误差均在 16% 以内，平均误差为 11.5%。从表 8.7 可看出，当落锤冲击作用形状和面积不同时，裸梁在小锤冲击下的最大应变实测值与计算值的误差均在 15% 以内，平均误差为 10.4%。因此，用有限元软件 ANSYS/LS-DYNA 可在平均误差 12.3% 范围内模拟分析裸梁在落锤冲击作用下的最大应变值。

表 8.5　　　　　　　　　　裸梁在小锤冲击下的最大应变实测值与计算值

结果	工　况					
	小圆块	中圆块	大圆块	小方块	中方块	大方块
实测值/με	100.1	75.81	39.41	76.01	46.65	16.96
计算值/με	115.459	83.029	36.877	69.39	54.78	19.58
误差	15.3%	9.5%	6.4%	8.7%	17.4%	15.4%

表 8.6　　　　　　　　　　裸梁在中锤冲击下的最大应变实测值与计算值

结果	工　况					
	小圆块	中圆块	大圆块	小方块	中方块	大方块
实测值/με	187.48	110.66	102.72	127.63	94.7	82.81
计算值/με	213.654	127.49	108.48	119.05	80.27	72.81
误差	14.0%	15.2%	5.6%	6.7%	15.2%	12.1%

表 8.7	裸梁在大锤冲击下的最大应变实测值与计算值					
结果	工　况					
	小圆块	中圆块	大圆块	小方块	中方块	大方块
实测值/με	352.11	199.41	123.7	200.35	182.46	108.63
计算值/με	392.342	217.81	119.39	229.42	206.98	119.83
误差	11.4%	9.2%	3.5%	14.5%	13.4%	10.3%

8.5.2　柔性防护梁实测值与有限元计算结果对比

　　柔性防护梁在小锤、中锤和大锤冲击下的最大应变实测值与计算值见表 8.8～表 8.10。从表 8.8 可看出：当落锤冲击作用形状和面积不同时，柔性防护梁在小锤冲击下的最大应变实测值与计算值的误差均在 18% 以内，平均误差为 12.2%。从表 8.9 可看出：当落锤冲击作用形状和面积不同时，柔性防护梁在中锤冲击下的最大应变实测值与计算值的误差均在 20% 以内，平均误差为 14.3%。从表 8.10 可看出：当落锤冲击作用形状和面积不同时，柔性防护梁在小锤冲击下的最大应变实测值与计算值的误差均在 18% 以内，平均误差为 10.1%。因此，用有限元软件 ANSYS/LS-DYNA 可在平均误差 12.2% 范围内模拟分析柔性防护梁在落锤冲击作用下的最大应变值。

表 8.8	柔性防护梁在小锤冲击下的最大应变实测值与计算值					
结果	工　况					
	小圆块	中圆块	大圆块	小方块	中方块	大方块
实测值/με	77.89	38.18	30.63	64.05	27.64	17.8
计算值/με	81.57	45.07	35.44	59.15	22.98	19.64
误差	4.7%	18.0%	15.7%	7.7%	16.9%	10.3%

表 8.9	柔性防护梁在中锤冲击下的最大应变实测值与计算值					
结果	工　况					
	小圆块	中圆块	大圆块	小方块	中方块	大方块
实测值/με	176.93	105.27	97.24	103.15	92.94	80.62
计算值/με	150.86	114.62	83.85	122.47	110.67	89.38
误差	14.7%	8.9%	13.8%	18.7%	19.1%	10.9%

表 8.10	柔性防护梁在大锤冲击下的最大应变实测值与计算值					
结果	工　况					
	小圆块	中圆块	大圆块	小方块	中方块	大方块
实测值/με	241.02	182.8	114.96	129.46	122.16	105.37
计算值/με	273.21	169.93	123.39	140.55	130.16	123.99
误差	13.4%	7.0%	7.3%	8.6%	6.5%	17.7%

8.5.3 复合防护梁实测值与有限元计算结果对比

复合防护梁在小锤、中锤和大锤冲击下的最大应变实测值与计算值见表 8.11～表 8.13。从表 8.11 可看出：当落锤冲击作用形状和面积不同时，复合防护梁在小锤冲击下的最大应变实测值与计算值的误差均在 19%以内，平均误差为 16.0%。从表 8.12 可看出：当落锤冲击作用形状和面积不同时，复合防护梁在落锤冲击下的最大应变实测值与计算值的误差均在 20%以内，平均误差为 15.1%。从表 8.13 可看出：当落锤冲击作用形状和面积不同时，复合防护梁在小锤冲击下的最大应变实测值与计算值的误差均在 19%以内，平均误差为 10.2%。因此，用有限元软件 ANSYS/LS-DYNA 可在平均误差 13.8%范围内模拟分析复合防护梁在落锤冲击作用下的最大应变值。

表 8.11　　　　　　　复合防护梁在小锤冲击下的最大应变实测值与计算值

结果	工　况					
	小圆块	中圆块	大圆块	小方块	中方块	大方块
实测值/με	42.87	29.75	16.54	33.31	26.85	14.88
计算值/με	49.65	35.37	19.35	39.42	31.47	17.66
误差	15.8%	18.9%	17%	8.6%	17.2%	18.7%

表 8.12　　　　　　　复合防护梁在中锤冲击下的最大应变实测值与计算值

结果	工　况					
	小圆块	中圆块	大圆块	小方块	中方块	大方块
实测值/με	110.23	98.57	87.4	88.44	73.23	59.45
计算值/με	125.77	116.49	97.74	111.81	87.48	70.55
误差	14.1%	18.2%	11.8%	8.6%	19.5%	18.7%

表 8.13　　　　　　　复合防护梁在大锤冲击下的最大应变实测值与计算值

结果	工　况					
	小圆块	中圆块	大圆块	小方块	中方块	大方块
实测值/με	161.53	128.42	103.83	145.18	121.63	90.26
计算值/με	180.39	139.92	123.01	134.18	110.94	85.77
误差	11.7%	9.0%	18.5%	8.6%	8.8%	5.0%

参 考 文 献

[1] Baker W E, Westine P S, Dodge F T. Similarity methods in engineering dynamics: Theory and Practice of Scale Modeling [M]. New York: Elsevier Science Publishing Company Inc, 1991: 383-385.

[2] Henrych J. The Dynamics of Explosion and Its Use [M]. Amsterdam: Elsevier scientific Publishing Company, 1979.

[3] 林大超, 白春华, 张奇. 空气中爆炸时爆炸波的超压函数 [J]. 爆炸与冲击, 2001, 21 (1): 41-46.

[4] 卢红琴, 刘伟庆. 空中爆炸冲击波的数值模拟研究 [J]. 武汉理工大学学报, 2009, 31 (19): 105-108.

[5] 龚顺风, 朱升波, 张爱晖, 等. 爆炸荷载的数值模拟及近爆作用钢筋混凝土板的动力响应 [J]. 北京工业大学学报, 2011, 37 (02): 199-205.

[6] 都浩, 李忠献, 郝洪. 建筑物外部爆炸超压荷载的数值模拟 [J]. 解放军理工大学学报（自然科学版）, 2007, 8 (5): 413-418.

[7] Beshara F. Modeling of blast loading on aboveground structures-Ⅱ. Internal blast and ground shock [J]. Computers & Structures, 1994, 51 (5): 597-606.

[8] 张晓伟, 汪庆桃, 张庆明, 等. 爆炸冲击波作用下混凝土板的载荷等效方法 [J]. 兵工学报, 2013, 34 (03): 263-268.

[9] 贾光辉, 王志军, 张国伟, 等. 爆炸过程中的应力波 [J]. 爆破器材, 2001, 30 (1): 1-4.

[10] 赵建平, 徐国元. 结构近中区爆炸波能量分配和衰减特征 [J]. 科技导报, 2009, 27 (01): 34-37.

[11] 胡时胜, 王道荣. 混凝土材料动态本构关系 [J]. 宁波大学学报: 理工版, 2000, 013 (B12): 82-86.

[12] 刘海峰, 宁建国. 强冲击荷载作用下混凝土材料动态本构模型 [J]. 固体力学学报, 2008 (03): 231-238.

[13] Teeling-Smith R G, Nurick G N. The deformation and tearing of thin circular plates subjected to impulsive loads. International Journal of Impact Engineer -ing. 1991-11 (1): 77-91.

[14] Yuen S C K, Nurick G N, Verster W, et al. Deformation of mild steel plates subjected to large-scale explosions [J]. International Journal of Impact Engineering, 2008, 35 (8): 684-703.

[15] 廖祖伟, 刘情杰, 田志敏. 钢板-泡沫材料复合夹层板抗爆性能试验研究 [J]. 地下空间与工程学报, 2005, 1 (3): 401-404+431.

[16] 任新见, 张晓忠, 李世民. 钢板-泡沫金属-钢板叠合结构抗爆机理初探 [J]. 爆破, 2009, 26 (01): 25-28.

[17] Jacinto A C, Ambrosini R D. Experimental and computational analysis of plates under air blast loading [J]. International Journal of Impact Engineering, 2001, 25: 927-940.

[18] Miyamoto A, King M W, Fujii M. Analysis of failure modes for reinforced concrete slabs under impulsive loads [J]. Aci Structural Journal, 1991, 88 (5): 538-545.

[19] Chen H, Liew J Y R. Explosion and fire analysis of steel frames using mixed element approach [J]. Journal of Engineering Mechanics, 2005, 131 (6): 606-616.

[20] Liew J Y R, Chen H. Explosion and fire analysis of steel frames using fiber element approach [J]. Journal of Structural Engineering, 2004, 130 (7): 991-1000.

[21] Jacob N, Yuen S C K, Nurick G N, et al. Scaling aspects of quadrangular plates subjected to localised blast loads-experiments and predictions [J]. International Journal of Impact Engineering, 2004, 30 (8/9): 1179-1208.

［22］ Ettouney M，Rittenhouse T. Blast Resistant Design of Commercial Buildings［J］. Practice Periodical on Structural Design and Construction. 1996，1（1）：31-39.

［23］ Crouch R S，Chisp T M. The Response of Reinforced Concrete Slabs to Non-nuclear Blast Loading［C］. Asia-Pacific 4th Conference on Shock & Impact Loads on Structures. 2001，11，69-76.

［24］ Low H Y，Hao H. Reliability analysis of direct shear and flexural failure modes of RC slabs under explosive loading［J］. Engineering Structures，2002，24（2）：189-198.

［25］ 张想柏，杨秀敏，陈肇元，等. 接触爆炸钢筋混凝土板的震塌效应［J］. 清华大学学报（自然科学版），2006，46（6）：765-768.

［26］ Krauthammer T，Shanaa H M，Asssidi A. Response of Structural Concrete Elements to Severe Impulsive Loads［J］. Computers and Structures，1994，53（1）：119-130.

［27］ 方秦，柳锦春，张亚栋，等. 爆炸荷载作用下钢筋混凝土梁破坏形态有限元分析［J］. 工程力学，2001，18（2）：1-8.

［28］ Krauthammer，T. Blast-resistant structural concrete and steel connections［J］. International journal of impact engineering，1999，22（9）：887-910.

［29］ Sabuwala T，Linzell D，Krauthammer T. Finite element analysis of steel beam to column connections subjected to blast loads［J］. International Journal of Impact Engineering，2005，31：861-876.

［30］ Wiliams M S，LokT S. Structural Assessment of Blast Damaged Buildings［M］. Structures under Shock and Impact Ⅵ，IN：Cambridge，Proceedings of International Conference Structures under Shock and Impact. England，2000：399-409.

［31］ Hao H，Cheong H K，Cui S J. Numerical study of dynamic buckling of steel columns subjected to underground explosion［J］. Journal of Key Engineering Materials，2003，233/236（1）：211-216.

［32］ Cui S J，Cheong H K，Hao H. Elastic-plastic dynamic response and buckling of steel columns under ground strong vertical ground motion［J］. Journal of Key Engineering Materials，2003，233/236（1）：217-222.

［33］ 杜林，石少卿，张湘冀，等. 钢管混凝土短柱内部抗爆炸性能的有限元数值模拟［J］. 重庆大学学报（自然科学版），2004，27（10）：142-144，159.

［34］ 师燕超. 爆炸荷载作用下钢筋混凝土结构的动态响应行为与损伤破坏机理［D］. 天津大学，2009.

［35］ Woodson S C，Baylot J T. Structural Collapse：Quarter-Seale Model Experiments. Technical report SL-99-8，US Army Engineer Research and Development Center，Vicksburg，Mississippi，1999，1-50.

［36］ Bao X，Li B. Residual strength of blast damaged reinforced concrete columns［J］. International Journal of Impact Engineering，2010，37（3）：295-308.

［37］ Krauthammer T. Shallow-buried RC box-type structures［J］. Journal of Structural Engineering，1984，110（3）：637-651.

［38］ Krauthammer T，Bazeos N，Holmquist T J. Modified SDOF analysis of RC box-type structures［J］. Journal of Structural Engineering，1986，112（4）：726-744.

［39］ Ross C A，Tedesco J W，et al. Effects of Strain Rate on Concrete Stength［J］. ACI：Material Journal，1995，92（1）：37-47.

［40］ Chen G D. Blast resistance enhancement with an integrated hardening，damping，and wave modulating system using 1/3-scale RC columns［J］. Repair of building and bridges with composites，2005.

［41］ 魏雪英，白国良. 爆炸荷载下钢筋混凝土柱的动力响应及破坏形态分析［J］. 解放军理工大学学报（自然科学版），2007，8（05）：525-529.

［42］ 彭利英. 爆炸作用下钢筋混凝土框架柱的动力及损伤分析［J］. 地震工程与工程振动，2012，32（04）：71-78.

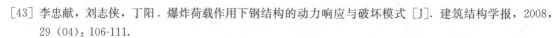
[43] 李忠献，刘志侠，丁阳. 爆炸荷载作用下钢结构的动力响应与破坏模式 [J]. 建筑结构学报，2008，29（04）：106-111.

[44] 张秀华，段忠东，张春巍. 爆炸荷载作用下钢筋混凝土梁的动力响应和破坏过程分析 [J]. 东北林业大学学报，2009，37（04）：50-53.

[45] 冯红波，赵均海，魏雪英，等. 爆炸荷载作用下钢管混凝土柱的有限元分析 [J]. 解放军理工大学学报（自然科学版），2007，8（06）：680-684.

[46] 龚顺风，夏谦，金伟良. 近爆作用下钢筋混凝土柱的损伤机理研究 [J]. 浙江大学学报（工学版），2011，45（08）：1405-1410.

[47] 阎石，王丹，张亮，等. 爆炸荷载作用下钢筋混凝土柱损伤 FEM 分析 [J]. 工程力学，2008（S1）：90-93.

[48] 陈剑杰，胡永乐，辛春亮，等. 钢筋混凝土结构抗内爆性能的有限元优化设计分析 [J]. 岩石力学与工程学报，2002，21（04）：554-557.

[49] 方秦，程国亮，陈力. 爆炸作用下钢筋混凝土柱非线性动力响应及破坏模式分析方法 [J]. 建筑结构学报，2012，33（12）：85-91.

[50] 李国强，孙建运，王开强. 爆炸冲击荷载作用下框架柱简化分析模型研究 [J]. 振动与冲击，2007，26（01）：8-11，20.

[51] Wu C，Hao H，Lu Y. Dynamic response and damage analysis of masonry structures and masonry infilled RC frames to blast ground motion [J]. Engineering Structures，2005，27（3）：323-333.

[52] 丁阳，汪明，李忠献，等. 爆炸荷载作用下砌体墙碎片分布分析 [J]. 建筑结构学报，2009，30（06）：54-59.

[53] Remennikov A M，Timothy A R. Modelling blast loads on buildings in complex city geometries [J]. Computers and Structures，2005，83（27）：2197-2205.

[54] Ambrosini R D，Luccioni B M. Craters produced by explosions on the soil surface [J]. Journal of Applied Mechanics：Transactions of the ASME，2006，73（6）：890-900.

[55] 陆新征，江见鲸. 世界贸易中心飞机撞击后倒塌过程的仿真分析 [J]. 土木工程学报，2001，34（06）：8-10.

[56] 申祖武，龚敏，王天运，等. 爆炸冲击波作用下建筑结构动力特性的数值模拟与试验 [J]. 武汉理工大学学报，2009，31（02）：104-106.

[57] Luccioni B M，Ambrosini R D，Danesi R F. Analysis of building collapse under blast loads [J]. Engineering structures，2004，26（1）：63-71.

[58] 师燕超，李忠献，郝洪. 爆炸荷载作用下钢筋混凝土框架结构的连续倒塌分析 [J]. 解放军理工大学学报（自然科学版），2007，8（06）：652-658.

[59] 喻健良，刘润杰，毕明树，等. 抑制爆炸波传播的方法 [J]. 力学进展，2002，32（03）：467-470.

[60] 王礼立，杨黎明，周风华. 强动载下结构安全防护中的波和材料动态特性效应 [C]. //中国力学学会. "庆祝中国力学学会成立 50 周年暨中国力学学会学术大会" 2007 论文摘要集（上）. 2007.

[61] 任志刚，楼梦麟，田志敏. 聚氨酯泡沫复合夹层板抗爆特性分析 [J]. 同济大学学报（自然科学版），2003，31（01）：6-10.

[62] 石少卿，张湘冀，刘颖芳，等. 硬质聚氨酯泡沫塑料抗爆炸冲击作用的研究 [J]. 振动与冲击，2005，24（05）：56-58.

[63] 焦楚杰，孙伟，高培正，等. 钢纤维高强混凝土在抗爆工程中的应用 [J]. 重庆建筑大学学报，2007，29（05）：168-172.

[64] 张志刚，李姝雅，廖红建. 爆炸荷载下碳纤维布加固混凝土板的抗弯性能研究 [J]. 应用力学学报，2008，25（01）：150-153.

[65] 张少雄，孙海虹，陈念众．高速船复合材料层合板非线性动力响应分析 [J]．武汉造船，2001，(1)：7-9.

[66] Zineddin M Z. Behavior of structural concrete slabs under localized Impact [D]. The Pennsylvania University，USA，2002.

[67] 石少卿，刘仁辉，汪敏．钢板-泡沫铝-钢板新型复合结构降低爆炸冲击波性能研究 [J]．振动与冲击，2008，27（04）：143-146.

[68] 孙文彬．钢筋混凝土板的爆炸荷载试验研究 [J]．辽宁工程技术大学学报（自然科学版），2009，28（02）：217-220.

[69] Langseth M，Hanssen A G，Enstock L. Close-range blast loading of aluminum foam panels [J]. International Journal of Impact Engineering，2002，27（6）：593-618.

[70] Morrill K B，Malvar L J，Crawford J E. Retrofit Design Procedure for Existing Reinforced Concrete Buildings to Increase Their Resistance to TerroristBombs [A]. Proceeding of the 9th International Symposium on Interaction of theMunitions with Structures [C]. Berlin，1999.

[71] Dennis S T，Baylot J T，Woodson S C. Response of 1/4-scale concrete masonry unit（CMU）walls to blast [J]. Journal of Engineering Mechanics，2002，128（2）：134-142.

[72] Eamon C D，Baylot J T，O' Daniel J L. Modeling Concrete Masonry Walls Subjected to Explosive Loads [J]. Journal of Engineering Mechanics，2004，130（9）：1098-1106.

[73] Galati N，Tumialan G. Strengthening with FRP bars of URM walls subject to out-of-plane loads [J]. Construction and Building Materials，2006（10）：101-110.

[74] Purcell M R，Muszynski L C. Use of composite reinforcement to strengthen concrete and air-entrained concrete masonry walls against air blast [J]. Journal of Composites for Construction，2003，7（2）：98-108.

[75] Davidson J S，Fisher J W，Hammons M I，et al. Failure mechanisms of polymer-reinforced concrete masonry walls subjected to blast [J]. Journal of Structural Engineering，2005，131（8）：1194-205.

[76] 毛益明，方秦，张亚栋，等．水体与混凝土防爆墙消波减爆作用对比研究 [J]．兵工学报，2009，30（S2）：84-89.

[77] Landry K A. The blast resistance of unreinforced，ungrounded，one-way，concrete masonry unit walls [D]. New York：Rensselaer Polytechnic Institute，2003.

[78] Dinan R J，Salim H，et al. Recent Experience Using Steel Studs to Construct Blast Resistant Walls in Reinforced Concrete Buildings. Proceedings of the 11th International Symposium on Interaction of the Munitions with Structures. Mannheim [R]，Germany，2003，75-76.

[79] Masih R. Structures Can Withstand Terrorists Explosion [A]. Proceedings of the 11th International Symposium on Interaction of the Munitions with Structures. Mannheim [C]，Germany，2003，55-56.

[80] 刘飞，任辉启，王削均，等．抗爆墙在地面重要建筑物反爆炸恐怖袭击中的应用 [J]．防护工程．2004，26（6）：20-35.

[81] 王飞，王伟策，王耀华，等．挡波墙对空气冲击波的削波作用研究 [J]．爆破器材，2004，33（01）：1-5.

[82] 王欣，李刚，绳钦柱，等．玻璃纤维加固粉煤灰砌块墙片的有限元分析 [J]．工业建筑，2005，35（07）：96-98.

[83] 李朝．基于 ANSYS/LS-DYNA 软件的配筋砌块墙体爆炸数值模拟 [D]．黑龙江：哈尔滨工业大学，2007.

[84] 刘殿书，冯明德，王代华．复合防护结构的动力响应及破坏规律研究 [J]．中国矿业大学学报，2007，36（03）：335-338.

[85] 李永梅，孙国富. 砌体房屋的爆破地震破坏机理和模型 [J]. 北京工业大学学报，2001，27（01）：61-63.

[86] Krauthammer T, Linzell D. Finite elementan alysis of steel beam to colum n connections subjected to blast loads [J]. International Journal of Impact Engineering. 2005，31：861-876.

[87] Bentur A, Mindess S, Banthia N. The behaviour of concrete under impactloading: experimental procedures and method of analysis [J]. Mat. Struct, 1986, 19（5）：371-378.

[88] Selcuk S. Behavior and modeling of reinforced concrete structures subjected to impact loads: [Doctor Dissertation] [J]. Toronto: University of Toronto, 2007, 116-172.

[89] Jankowski R. Non-linear viscoelastic modeling of earthquake induced structural pounding [J]. Earthquake Engineering and Structural Dynamics, 2005, 34（6）：595-611.

[90] Muthukumar S, Desroches R . A Hertz contact model with non-linear damping for pounding simulation [J]. 2006, 35（7）：811-828.

[91] Mahajan P, Dutta A. Adaptive computation of impact force under low velocity impact [J]. Computers and Structures, 1999, 70（2）：229-241.

[92] Vaziri R, Quan X, M. D. Olson. Impact analysis of laminated composite plates and shells by super finite elements [J]. International Journal of Impact Engineering, 1996, 18（7）：765-782.

[93] Symonds P S. Survey of methods of analysis for plastic deformation of structure under dynamic loading [R]. Brown University: Division of engineering report, 1967.

[94] Symonds P S, Frye C W G. On the relation between rigid-plastic and elastic-plastic predictions of response to pulse loading [J]. International Journal of Impact Engineering, 1988, 7：139-149.

[95] Athanassiadou C J, Penelies G G. Elastic and inelastic system interaction under all earthquake motion [C]. Proceedings of the 7th Hellenic Conf. on Concrete, Patras, Greece, 1985, 1：211-216.

[96] Papadrakakis M, Mouzakis H, Plevris N, et al. A lagrange multiplier solution for pounding of buildings during earthquakes [J]. Earthquake Engineering and Structural Dynamics, 1991, 20：981-998.

[97] Anagnostopoulos S A. Pounding of buildings in series during earthquakes [J]. Earthquake Engineering and Structural Dynamics, 1988, 16（3）：443-456.

[98] Jankowski R, Wilde K, Fujino Y. Pounding of superstructure segments in isolated elevated bridge during earthquakes [J]. Earthquake Engineerign and Structural Dynamics, 1998, 27（5）：487-502.

[99] 杨永强，李爽，谢礼立. 构件跌落碰撞的数值模拟研究 [J]. 振动与冲击，2010，29（06）：54-58+235.

[100] 雷正保，杨应龙，钟志华. 结构碰撞分析中的动态显式有限元方法及应用 [J]. 振动与冲击，1999，（03）：73-78，86.

[101] 刘旭红. 可变形结构之间的碰撞及失效研究 [D]. 北京：北京航空航天大学，2003.

[102] 宋春明，王明洋，唐国国. 柔性动边界梁在横向撞击下的动力响应 [J]. 解放军理工大学学报（自然科学版），2008，9（02）：151-155.

[103] Schleyer G K, Hsu S S. A modelling scheme for predicting the response of elastic-plastic structures to pulse pressure loading [J]. International Journal of Impact Engineering, 2000, 24（8）：759-777.

[104] Dorogoy A, Rittel D. Transverse impact of free-free square aluminum beams: An experimental-numerical investigation [J]. International Journal of Impact Engineering, 2008, 35（6）：569-577.

[105] 虞吉林，黄锐. 冲击载荷下软钢梁早期响应的数值模拟和简化模型 [J]. 力学学报，1997，29（04）：464-469.

[106] 聂子锋，杨桂通. 在质量块冲击作用下刚架大挠度响应的实验研究 [J]. 固体力学学报，1991，12（01）：44-54.

［107］宋晓滨，张伟平，顾祥林．重物高空坠落撞击多层钢筋混凝土楼板的仿真计算分析［J］．结构工程师，2002，（04）：23-28.

［108］车伟，李海旺，罗奇峰．撞击荷载作用下单层椭圆抛物面网壳的动力稳定分析［J］．力学季刊，2008，29（01）：33-39.